不攀附 / 不将就 / 不认命

你就是光

乐传曲 著

中国铁道出版社有限公司
CHINA RAILWAY PUBLISHING HOUSE CO., LTD.

图书在版编目（CIP）数据

你就是光 / 乐传曲著 . —北京：中国铁道出版社有限公司 , 2023. 11（2024.8 重印）
ISBN 978-7-113-30536-9

Ⅰ. ①你…　Ⅱ. ①乐…　Ⅲ. ①女性－修养－通俗读物　Ⅳ. ① B825-49

中国国家版本馆 CIP 数据核字（2023）第 169485 号

书　　名：你就是光
NI JIUSHI GUANG
作　　者：乐传曲

责任编辑：马慧君　　编辑部电话：（010）51873005
封面设计：仙　境
责任校对：刘　畅
责任印制：赵星辰

出版发行：中国铁道出版社有限公司（100054，北京市西城区右安门西街8号）
网　　址：http://www.tdpress.com
印　　刷：北京盛通印刷股份有限公司
版　　次：2023年11月第1版　2024年8月第6次印刷
开　　本：880 mm×1 230 mm　1/32　印张：6　字数：105千
书　　号：ISBN 978-7-113-30536-9
定　　价：49.80元

前言

做一个能点亮自己的女人

在一些人看来，完成读书、工作、结婚、生子、照顾好家庭的女性，就是成功的女性。而不需要有自己的事业，不需要有自己的独特个性，更不能有自己的主张。

但有句话说，“人生，一切都只是自己的选择”，对此我深信不疑。你选择成为什么样的人，你就会有怎样的人生。

我选择成为一个有目标、有行动力、忠于自我、美丽绽放的独立女性。

回想这一路走来，我选择遵从自己的内心，努力拼搏，只为过上自己想要的生活。

不论是学习唱歌还是出国留学，抑或选择卖珠宝、走上自媒体创业之路，我都只是想让自己变得更好。

不可否认，实力是女性独自美丽的基础。

我坚信，我需要做的是找到自己热爱的东西，为此给予更多的时间，并创造更多的机会，努力追逐和实现自己的梦想。

我也应该学会与自己和解，学会承认自己的价值，找到属于自己的自信，这是我独自美丽的力量。

如今的我，从对自媒体一无所知，到成为一名做得还不错的女性成长博主，这一路走来，并不容易。

我发现真正治愈我、给我信心和力量的是我自己：不服输、有闯劲、敢于尝试的自己；不依靠任何人，只想活得洒脱的自己；在困难面前，选择对人生负责的自己。

其中有困境和挫折，亦有欣喜和成长。

当我实现精神独立、经济独立，不断提升自己的价值，变得更加优秀时，不仅吸引来更多资源，也让我拥有了更多选择的权利和空间。

写作《你就是光》，就是因为我想将我的坚定、我的性格、我的背后故事，呈现给读者。

我的人生到底经历了什么？我又是如何成长为一个自带光芒的独立女性，在这本书里，我将会为读者一一揭晓。

在阅读这本书的过程中，读者会见证一个选择独自美丽的女孩，如何面对外部世界，如何面对人生选择，最终实现茁壮成长。

我承认，我用我的方式方法走到了今天，确实过得还不错，但是不是每个人都能复制呢？

我的答案是，不一定。

人生从来没有标准答案，我把我的人生之路呈现给读者，只是希望能够给正在经历人生困惑、陷入自我怀疑的女性一些指引。

让你们打开眼界和格局，给你们提供一种人生的可能选择。

所以请记住，我只是提供读者一个参考答案，而不是一个标准答案。如果有朋友在阅读此书过程中、在观看我提供的参考答案过程中得到了感悟，感受到了能量，进而开启了更好的人生，那我会非常开心。

女性，要有自己的梦想，有自己独立的价值，有更多的精力和时间去大胆尝试。

你不要依附任何人，而要成为自己的生命之光，照亮自己前行的路，在自己热爱的世界里闪闪发光。

我永远认为，“我”才是一切的本源，能点亮自己人生的，永远是自己。

乐传曲

2023 年 6 月

目录

第一章　经历的坎坷愈多，自己的收获就愈多 /001

重新定义自己想要的生活 //003

生来平凡，唯有努力 //008

学会匹配对方的价值框架 //013

突破现有认知，掌握信息差 //017

学着改变，试着成长 //021

永不放弃，突破自我 //026

第二章 依靠自己，未来会更好 /031

你的未来，一定会比现在更好 //033
治愈自卑，永不止步 //038
与人交往，贵在不越界 //043
收放自如，才能大有可为，扶摇直上 //048
学会复盘，成就更好的自己 //053
及时止损，不辜负奋斗的自己 //058
经历风雨，终会见彩虹 //061
恋爱应理智，让感情成就自己 //068
与其怨天尤人，不如向内反省 //074
你才是自己最大的依靠 //080
适度包装，放大你的价值 //085

第三章　提升认知才是最好的成长 /091

真正治愈自卑的，是能力和实力 //093
全心投入，实现自我突破 //098
越是身处低谷，越要保持正能量 //103
摆正心态，主动克难 //108
持之以恒的努力值得被尊敬 //115
自己获利前，先让他人获利 //120
你永远赚不到超出认知以外的钱 //127

第四章　为自己而活 /133

想要变得优秀，请对自己狠一点 //135
你永远无法取悦所有人 //141
顺势而为，才能有所作为 //146
太用力的人，跑不远 //153
善管理者，知放手 //158
不忘初心，活出精彩 //163
沉住气，精准发力 //170
精准定位，舍取有道 //176

后　记 /181

第一章

经历的坎坷愈多，自己的收获就愈多

重新定义自己想要的生活

有人说：“幸运的人，一生都在被童年治愈；而不幸的人，一生都在治愈童年。”

我对此深有感触。自己童年的生活片段，每一幕都刻画在我的脑海里，永生难忘。

我出生在一个普通家庭，家庭不算富裕，但衣食无忧。

很小的时候，我就能感受到父母对我的期望很高。

在他们看来，我应该成为一颗高悬天空的耀眼明星，而不是一棵匍匐野地的平凡小草。

为了让我具备明星该有的才艺，他们送我去学习唱歌跳舞。

面对昂贵的费用，父母从来没有退缩过。

他们省吃俭用，节约一切可以节约的成本，也要让我得到最好的训练。

我记得最窘迫的一次，家里实在没钱交费了，父母就硬着头皮，跟亲戚借了一圈才凑够。

因为家庭不宽裕，妈妈对家里的每笔开支都会精打细算。

有一次，妈妈带我去超市买东西，走出超市，我看到一台娃娃机，里面是琳琅满目的布娃娃。要知道，一个小女孩对这些可爱的娃娃压根儿没有抵抗力，我就央求妈妈让我玩一次。

妈妈拒绝了，她说，这个娃娃机根本就夹不到布娃娃，玩这个就是浪费钱。

记得当时我铁了心要玩，缠着妈妈，软磨硬泡，一副不达目的誓不罢休的样子。

妈妈一开始不同意，跟我讲道理，后来就沉默了，带着我去买了游戏币，让我去夹布娃娃。

我很高兴，乐颠颠地玩了起来，尝试了好几次，一个布娃娃也没夹到。

我泄气了，对妈妈说不想玩了。

结果，妈妈强硬地要求我继续夹。

看我真的不想玩，她就一把拿过游戏币，自己玩。

她一次次投币，一次次失败，还不断地说着“这个娃娃夹不到”，看着妈妈赌气的样子，我被吓到了，赶紧拉着妈妈去退钱，但妈妈不听，还在继续玩。

我当时特别慌，觉得犯了弥天大罪，浪费了家里的钱。

不记得妈妈又投了多少次，最后她停下了，问了我一句：“你以后还想夹布娃娃吗？”

我立刻说以后再也不玩了，妈妈才把余下的游戏币退了。

这次经历成了我心中难以磨灭的印记，每次回想起来，扎得心疼，却又无从下手。

类似的经历还有很多，比如“汉堡事件”。

父母望女成凤，除了歌舞才艺，他们对我的学习也抓得很紧。每个周末，我都要去外面学习，一方面巩固当下的知识，另一方面提前学习新知识。

每次妈妈都带着我乘公交车去。

那附近有一家麦当劳，里面售卖一款小汉堡，价格不贵，下课后妈妈都会买一个给我吃。

正因为这个汉堡的诱惑，让我去学习有了一丝动力和期待。

下课后吃汉堡，我把这一切视为理所应该。

直到有一次，妈妈给我买完汉堡后，脸色变得很难看，她对我说：“我觉得你有点不懂事。”

我疑惑地问她为什么。

妈妈说：“你知不知道，这个汉堡并不便宜，每次买给你吃，你从来没有拒绝过，也从没想过节约。”

这番话让我觉得手里的汉堡顿时不好吃了，吃在嘴里，如同嚼蜡，毫无味道可言。

从那以后，我再也没有吃过那家汉堡。

还有一次，小姨要带我和表妹去水上乐园玩。

我满心欢喜，特别期待，因为我看过水上乐园的广告，里面有很多好玩的项目，每一个我都想试试。

结果，妈妈坚决不同意，小姨劝了好几次，她都不松口，就是不让我去。

事后我哭着问妈妈，为什么小姨带我去玩，她也不同意。妈妈说，因为水上乐园的门票要二十元一张，这个价格太贵了，就算是小姨花钱买票，我们也不能欠小姨这个人情。

这番话，年幼的我似懂非懂。

我并不能深刻地理解这些事情，我只知道，自己没有资格随随便便吃好吃的、玩好玩的。妈妈在很多事情上的态度和言行都在教我认清一个道理。

长大后我常常想，父母到底应该教会孩子什么？是不惜代价送孩子接受昂贵的教育，让孩子实现他们的期望和梦想，还是强迫孩子接受他们想要的结果，让孩子成为一个大人口中“懂事”的孩子，知道什么钱该花、什么钱不该花，体谅父母的难，多为父母着想？

父母可以砸锅卖铁，不惜代价，供我去价格不菲的才艺班学习，却不愿意花一二十元满足我一个小小的心愿。

这些过往，让我印象深刻，希望长大后能多挣钱。

其实，家庭不富裕，不是父母的错，更不是孩子的错。

贫穷会考验父母，如何面对窘境，突破重围，在物资匮乏之中，依然能给孩子丰富的精神世界，教会孩子不认命、不妥协，凭借强大的内心，在清贫的日子里，积极向上，热爱生活。

贫穷也会考验孩子，如何平衡自己的欲望和能力，懂得“我想要”和“我能要”的区别，在每个不能如愿的时刻不气馁、不消沉，默默积蓄力量，快速成长。终有一天，自己会有足够的实力，过上满意的人生。

我特别想对那些跟我有类似童年经历的人说：虽然，我们无法选择家庭，但我们可以重新定义自己想要的生活。

你若盛开，蝴蝶自来。

你若精彩，自有安排。

生来平凡，唯有努力

有人说，没有选择的人，往往成就更多。因为没有退路，只能全力以赴。

我想，我大概也是这样的人。

生在一个普通家庭，父母为了把我培养成多才多艺之人，不惜支付昂贵的费用。

八九岁时，楼下的邻居买了一台 VCD，每天播放动感的歌曲。任贤齐那首《心太软》我听了一遍就会唱了，我拿着邻居家的麦克风唱完后，大家都夸我唱得好。

每天我都去邻居家听歌，顺带又学会了《快乐老家》《常回家看看》。

父母发现我唱歌挺好，就给我报了一个业余的歌唱比赛，没想拿了第三名，奖品很特殊，是几公斤汽油。

这次的惊喜，让妈妈坚定了要培养我走音乐艺术的路线。

妈妈跑去找到冠军得主，打听她师从何处，请她帮忙引荐。后来得知，这位老师名气非常大，享誉湖北歌坛多年，很多人慕名拜师。

我也不例外。

就这样，我跟着这位老师，一学就是十几年。

最开始的学费是八十元一堂课，学到后面就已经是两千元一堂课了。

这种收费，对我的家庭来说，是沉重的负担。

爸爸感觉越来越吃力了，就找老师希望减少收费。

结果，老师的一番话，彻底打碎了爸爸的自尊。

老师说，这本来就是一条花钱的路，需要强大的经济基础，有天赋更要有物质条件。想唱歌，能站在舞台上，歌星需要资源和机会。

碰壁后的爸爸，并没有放弃对我的培养。

他和妈妈还是咬紧牙关，砸锅卖铁，支撑着我的音乐之路。

说实话，父母为我付出了一切，也带给我极大的压力。

我不敢失败，不敢辜负他们的期待。

在我看来，父母的这种方式更像是一场豪赌，他们只有我一个女儿，所以，他们选择了孤注一掷。

多年后，我都很害怕自己不成功，让父母付出的一切成了竹篮打水一场空。

我渴望成功，不想成为平庸之辈；我迫切希望自己能够超越父母的期待，给他们足够的惊喜和丰厚的回报。

上大学后，我开始兼职挣钱，慢慢家里开始有了一点余钱。

只要有机会，不论大小，我都抓住，然后全力以赴。

后来我做了自媒体，并且在短短两年时间内，成为情感领域的头部账号。

你要是问我，这是如何做到的，我的回答就是，孤注一掷。

在直播的时候，我说过这样一番话：想要翻身，就要不走寻常路，要有孤注一掷的信念和敢于挑战的勇气。在这条路上狂奔，因为你没有资本，如果还是朝三暮四、左顾右盼，谈何成功？

凭借这个咬定青山不放松、放手一搏的性子，我的事业发展得很快。

我做自己的账号“曲曲大女人”，表达自己真实的想法，哪怕这些观点不符合一些人的看法，甚至招来质疑，我的初心始终没有动摇。

心无旁骛，全力以赴。

父母曾经很担心我，他们觉得这会影响我的名声，尤其影响我谈恋爱。

我告诉父母，我想做成这件事，我想把自己的账号做起来。

所以，我不在乎网上的声音，也不在乎别人的指责和批评。

外界的嘈杂和我无关，我只会聆听内心的声音，按照它的指引，勇往直前。

幸运的是，我真的做到了。

有一次，一位忠实的男粉丝问我："如果你的婚姻需要放弃事业，你会同意吗？"

不假思索，我直接开口说："不同意。"

我不想放弃自己热爱的事业，如果在一段感情中，有人需要我放弃事业来满足他的喜好，我做不到。

我常和粉丝说："人不能既要，又要，还要。"

就像事业女性不要羡慕家庭主妇，独立女性也不要报怨没有他人可以依靠。

想走的路太多了，最后可能一条路都走不通。

我们要做自己命运的主人，而不是攀缘的凌霄花，借树的高枝炫耀自己。

有朋友曾劝我，凡事别那么较劲，要是失败了，将来会后悔的。

恰恰相反，在我看来，不曾孤注一掷，才是我的遗憾。

回顾曾经的岁月，父母的教育理念和方式给我带来深远的影响。

小时候考试，妈妈总会苦口婆心地叮嘱我，一定要多检查，杜绝低级错误。真正不会做的题目跟你的能力有关，因为自己的粗心大意和疏忽丢分，这才是最让人懊恼的。

长大后，我会特别留意很多细节：错别字、词语重复等。规避这些基本问题后，才不至于因小失大。

父母的培养方式，不去争论，至少他们磨炼了我的意志和心性。太多幸运我不奢望，我不过是个普通人。

正因如此，我坚定了一个信念，那就是生来平凡，一切要靠自己打拼。

如果方向是对的，晚一点到达也没有关系。重点是，你能不能用尽所有的力气，奔赴远方。

学会匹配对方的价值框架

不论是在直播，还是在课程里，我都会强调，要学会匹配对方的价值框架。

让我深刻认识到这一点的是一次去北京参赛的经历。

多年前，妈妈带我去北京参加歌唱比赛。为了省钱，我们坐着绿皮火车，没有座位，我就睡在别人的座椅下面。到达北京后，我们租住地下室。

参赛期间，为了让我从众多选手中脱颖而出，也为了让评委老师多了解我的优势，妈妈铆足劲儿，想着法儿地制造机会，让我在评委老师面前露脸，展示才艺。

中午吃饭时，评委们在饭店的包厢就餐，选手们则在大厅吃饭。妈妈顾不上吃饭，拉着我找到评委所在的包厢，让我给他们唱歌。

当时在座的老师有将近二十人，他们有的埋头吃饭，有的正聊得热火朝天。我们母女出现在包厢后，没有一个人跟我们打招呼。

他们吃着聊着，既没有感到突兀，让我们出去，也没有搭理我们。在这种情况下，我的窘迫感可想而知。

我们不请自来，还要自作主张献唱，这本就是一件欠妥的事。当时我想立刻转身走人，但妈妈坚持让我留下，无奈的我只能硬着头皮开唱了。

歌唱了一半，我的声乐老师看不下去了，她打断我说："你没有发现，压根儿没人在听你唱歌吗？"一句话让我所有强撑的勇气瞬间崩塌，我再也唱不下去了，我只想遁地而逃。

妈妈也感觉很尴尬，因为从进来包厢后就被人无视，她赶紧拉着我，什么话都没说，快速离开了。

回到我们吃饭的地方，我们母女俩心情沉重，我特别想哭。

但我不敢哭，我强忍着眼泪，低头吃饭，味同嚼蜡。

这件事情让我深刻明白了一个道理：当你没有进入对方的价值框架时，你提供的所有信息对对方而言都是一种负担。

打个比方，如果一个远房亲戚觉得你现在过得很好，会拎着他们家积攒的柴鸡蛋上门，想找你帮忙，你是不是也会觉得，那是多余的负担？

因为那根本不是你需要的。

我的歌唱对评委老师来说也是一样的，因为他们在我身上看不到他们需要的价值，何况当时是午餐时间，属于评委老师的私人时间，他们没有责任也没有义务听我唱歌，更不可能给我开“绿色通道”。

如果每个选手都跑来唱歌，他们还能安稳地吃饭吗？如果只要有熟人唱得好，评委就得照顾，那比赛还有公平可言吗？

未经许可的出现，对他们而言，是一种打扰，人家没把我们赶出包厢，已经算客气了。

所以，现在的我经常会跟粉丝分享我的感触，当一个人没有具备对方需求的对等价值，一厢情愿提供的东西，对他人而言，只是一种负担。

作家莫言说过：“求人如吞三尺剑，靠人如上九重天。永远记住，天上下雨地上滑，自己跌倒自己爬。要想别人帮你一把，也得烟换烟、茶换茶。”

我们跟他人的关系，其实并不取决于你对他人有多好，你们是什么亲戚或好友，而是取决于你的强弱，你有多大价值。

一旦我们有求于人，势必要拿出自己的价值进行交换。价值不匹配，付出再多都白费。

也许你会说，互相帮助是美德。话是不错，但现实情况是，要想得到他人的支持和帮助，仅有真诚和努力是不够的。

共赢才能长久。

经历那次“包厢献唱”的窘事后，我就告诉自己，将来千万别再做傻事了。

无论在什么情况下，不会急于表现自己。尤其是与对方不在同一个层级时，我们要做的是蛰伏、是思考，是要去考虑对方的需求。

为此，妈妈就批评我不会跟人打交道，太木讷了，她让我学得机灵点儿，说不定好运和机会就降临在我头上了。我没有反驳妈妈，因为我不是真的木讷，我是在不断地思考和观察别人到底需要什么。

跟任何人交往，都不能总想着从对方身上获利、对方能给自己什么好处，而是应该更多地思考：我有什么优势；我能给对方带去什么价值；他们需要的价值，我能不能提供。

在一段关系中，多站在对方立场考虑问题，而不是予取予求，以我为中心。能让关系持久稳定的一定是彼此资源对等，价值互换，互相满足。

愿我们都能清醒地活着，不去卑微地迎合他人，有底气活出自己的骄傲。

突破现有认知，掌握信息差

我读初中的时候，成绩中等，估计只能上个普通高中。但最后我考上了我们当地最好的高中——华中师范大学第一附属中学（以下简称“华师一附中”）。

不可思议，对吧？

我自己也觉得挺惊喜，这件事因此也成了我人生中的高光时刻。促成它的原因不是我学习多好、分数有多高，而是信息差。妈妈掌握的信息差，让我的人生轨迹有了重要转折。

事情发生在中考前夕，有一次班主任老师问我妈妈，想让孩子读哪所高中。妈妈不假思索，脱口而出：“华师一附中。”班主任老师听后一脸诧异，那种感觉就像是听了一个很荒诞的新闻。

其实，我很理解老师的反应。以我的学习成绩，能上个普通高中已经是万幸了，还奢望上省重点高中？

作为湖北省排名第一的高中，全校年级前几名的同学都要挤破头，何况是我呢?

班主任把这份疑惑变成了不屑一顾，她甚至在全班同学跟前调侃说：“有些人觉得自己会唱歌就能考上华师一附中。如果她都可以，那我们全班同学都能上华师一附中了。”

这番话着实令我生气，老师的嘲讽激发了我奋斗的欲望。我暗暗地鼓励自己，一定要听妈妈的话，不能让老师的嘲讽得逞。临近中考的两个月，我努力学习，成绩提高了很多。这只是其中的一方面，真正圆我华师一附中梦想的人，是我的妈妈。

妈妈知道我在唱歌方面是有天赋的，也取得了不错的成绩，所以她一直关注学校的艺术特招政策。

妈妈收集所有的相关信息，分析每个学校对艺术特长生的招生要求，不错过任何一个细节。

华师一附中当时并没有公开他们的艺术特招信息，就连学校网站都没有任何信息。

妈妈网上查不到，就采取现场“盯人”的措施。她去学校的教导处、招生办和校长办公室，见人就打听华师一附中有没有招艺术生的政策。功夫不负有心人，妈妈还真“打探”到了消息，了解了相关政策，拿到了报名面试的机会。

或许是幸运眷顾，对比其他艺考生，我的面试表现非常棒。一方面得益于我八岁开始跟着名师学习唱歌，比起其他临时突击备考的考生，我的基础更扎实；另一方面我参加过很多比赛，曾经在上万人的选秀中排名前十，我的应考经验相对多一些，临场表现也更好。

华师一附中的艺考招生本就是针对特定群体的小范围招生，所以各方面都不错的我脱颖而出。

这个消息让我的老师和同学们都很震惊，他们怎么也没想到，成绩普通的我就这样轻松跨进了省重点高中的大门。

这次收获让我明白了一个道理：谁拥有了信息差，早做准备，谁就有了制胜的法宝。

如果没有妈妈锲而不舍地到学校咨询，获取相关信息，我也不可能通过艺术考试进入重点高中。毕竟，华师一附中可以招艺术生的事情，就连我的班主任老师都不知道。

在互联网高度发达的今天，大众获得各种信息十分方便。很多获取信息的渠道大家都知道，得到的信息也大同小异，但总有一部分人可以获得宝贵的信息差，然后利用信息差成就自己。

我们常说，机会是留给有准备的人。什么是有准备呢？我想，它指的应该是别人没做到或者不知道的事情，而你恰恰知道并且做到了。

后来，我接触到很多优秀的人，深入了解后我才发现，这些人的优秀其实只是在特定领域，他们在其他方面的认知并不比普通人多多少。

这些人有的从事餐饮，有的做工程项目，有的做美容美发，还有人从事与农业相关的产业。在这五花八门的行业中，他们专注深挖自己的行业，充分把握行业的特点和发展趋势，拥有别人不知道的信息差，最终成了行业翘楚。

闻道有先后，术业有专攻。每个人的知识构成是不一样的，擅长的领域也不同。每个人都有自己的认知短板和不足。想要取得成功，就要不断补长自己的短板，丰富自己的认知，缩小自己跟他人的信息差。

从这个角度来说，我们既要聆听他人的建议，也不能盲从他人的建议。因为他人的知识也是有限的，见识也是有盲区的。在他人建议的基础上，补全自己的信息库，尽可能多地获取信息差，我们才能全面看待问题，给出最优解。

我深信一句话：人永远看不到自己认知之外的世界。

因此，突破现有认知，掌握信息差，是普通人逆袭的绝佳方式。

学着改变，试着成长

读高中时，我很自卑，不擅长与人交往。我形容那时的自己像一只“自卑的孔雀”。

自卑是因为家境一般，生活一直处于困窘的状态。说自己是孔雀，因为学习成绩不错，能歌善舞，比赛获奖让我小有名气，这些光环叠加起来，我觉得自己就像一只昂首挺胸、姿态高冷的孔雀。

所以，我当时就笃定，如此优秀的我理应得到同学们的喜爱。遗憾的是，我的高中同学都对我很冷淡，甚至还有人背后讨论我。

同学们的这些言行让我很难受，但我并未多想，甚至我认为，他们因为嫉妒我，故意冷落我。后面发生了几件事让我很受打击。

一次老师把我叫到办公室，严肃地对我说：“乐传曲，你有没有发现，班里不少人都不喜欢你。”我听到后都蒙了，站在那里，哑口无言。

老师接着说：“你看，昨天你让班上一个同学去扫地，你用的是命令的语气，你没有意识到那个同学在默默反抗你吗？其实你没有命令他人的权力，你们是平等的。”

我仗着自己在学生会任职，又是文艺部部长，每次竞选都是高票当选，这让我飘飘然，觉得大家都认可我、喜欢我，所以，作为干部的我指挥其他同学也是没问题的。

殊不知这个想法，让我在错误的道路上越走越远。我越是自我感觉良好，越觉得同学们都该听我的。直到这一刻，我才醒悟：原来那个同学拒绝去扫地，只是因为叫他扫地的人是我。

意识到这个事实后，我顿悟了大家冷落我的原因：他们厌恶我。我本身取得的成绩、自带的光环，在同学眼里一文不值，而我却拿这些东西在同学跟前趾高气扬。

那天放学回家，我大哭了一场，泪水中有懊恼，也有无助。

几天后，学校又发生了让我诧异的一幕。

同学们看我的眼神都不对劲儿，他们对我指指点点。不明所以的我只好向同桌求助，原来是有人散布消息，说我在原来的初中门口被围殴了。

这种匪夷所思的事让我一头雾水，直到放学后，隔壁班一个女生找到我，我才得知真相。谣言就是这个女生散播出去的，原因也很简单，她看不惯我。她还警告我，日后若是继续猖狂，她就会让传闻变成事实。

那一刻我难受到了极点。前两天老师的话，加上这次事件，彻底颠覆了我的认知。从来没有感受到身边人对我有这么大的敌意，我沉浸在巨大的落差里。

过去所有的清高，这一刻都被现实碾成泥浆。过去的情形也像电影一样，一幕幕浮现在我的脑海里。

我从来不跟同学主动打招呼，脸上的表情永远都是冰冷傲慢的，我走路都是仰着头，挺直了腰杆。

我没有朋友，也不想主动交朋友。你说，这样的我，是不是真的很讨嫌？又有什么资格要求同学喜欢我？

意识到自己存在的问题后，我决心改变。我想成为一个让同学都喜欢的人。

我给自己写了一封信，信里详细记录了整整一百条为人处世的准则。内容具体到每天用什么方式向同学打招呼，如何回应同学的批评，如何提升同学对自己的好感，等等。我把这一百条准则贴在抽屉上，每天严格要求自己，逐一做到。

说实话，这种做法令我非常痛苦。我所做的所有事情，包括每一个动作、每一个笑容，都是为了严格遵守那一百条准则。

就这样，半年过去了，你若问我收效如何，我可以很自信地说，效果很好。我用行动改变了同学们对我的固有印象。

在同学们看来，曾经高冷的"孔雀"现在变得温和亲切了。

我会主动跟同学分享自己的零食，向同学示好，从语言到面部表情，从当面赞赏别人到背后夸赞一个常议论我的人。

我突破了自己，但自己变得更加压抑。

当时，有一个男生，是班级公认的好学生，为人低调谦和，就坐在我身后。有一次，我向他请教数学题，他看着我微笑的表情，愣住了。

讲解完数学题后，我不遗余力地赞美他："你好厉害，这道题我做了很久都没有做出来，也不知道该去问谁，好像大家都不喜欢我，我自己也没有什么朋友。"

男生后来说的话带给我很大的激励。他说："其实，大家只是不了解你，你不要把大家的评价放在心上。"

从那以后，他跟我的交流多了，在其他同学面前也常帮我说话。同学们也渐渐改变了对我的看法，寝室的同学会主动叫我一起去吃饭、打水，我和同学们的关系就这样好了起来。

高中毕业时，同学们在我的同学录上写满了对我的好评，都夸赞我是性格超好的女生。

现在回想起来，我依然有诸多感触，高中时的我就像破茧成蝶一样，过程很痛苦，但结局很畅快。

我做了很多改变，有些改变并不容易。人际关系的改善让我收获了满满的正能量，那丝自卑也渐渐消散了。我逐渐懂得，能靠近你的朋友，都源于你的人品和性格，而非家境的好坏。

很多时候，我们周围的环境不尽如人意，这很正常，我们要学着改变自己，以积极的心态面对一切，才能在困境中找到突破。

学着改变，试着成长，放下所有的骄傲和固执；认识自己，降伏自己，才能蜕变成更好的自己，遇见更好的未来。

永不放弃，突破自我

村上春树说过，少年时代的我始终为此有些自卑，觉得在这个世界上自己可谓特殊存在，别人理直气壮拥有的东西，自己却没有。

这话也是我的心声。

从小就受制于经济窘迫的我，一直很自卑。直到高中，我的自卑感依然很强，哪怕舞台上的我熠熠生辉、光彩照人，我也仍然自卑，觉得自己配不上这份光鲜。

原生家庭的经济条件限制了我的认知。一方面我用唱歌取得的成绩，支撑我的要强，在同学面前，我要表现出不可一世的高冷模样；另一方面，我又觉得自己出身普通，没有足够的底气拥有想要的生活。我不敢向他人敞开心扉，所以独来独往，拒人于千里之外。对我而言，这是一种脆弱的保护。

我曾跟一位很有名的歌手师从同一人，一起参加过节目。

舞台上的他，台风特别好，表现得落落大方，每个神情都很自然，充满自信。下了舞台，他依然保持着活力，丝毫不做作，有种与生俱来的魅力，浑身都散发着耀眼的光芒。

我和他不同，在我看来，他是赢在起跑线的人。我没有那种发自内心的自信，只有穿着演出服登台时，我才觉得自己像个公主，一旦落幕，远离镁光灯，我立刻成了一个自卑的小女孩。

我在现实生活中的状态和舞台上的状态，是完全不一样的。

自卑，让我把舞台变成了“生活”，我总喜欢端着架子，想把舞台上的状态延续到生活中。

其实，这很可笑。过不去的不是一个坎儿，而是心中的执迷。

现在的我，特别想对当年那个敏感自卑的小女孩说一句话：“虽然家境不富裕，但父母已经给了你最好的培养和教育。”

我认识一个女生，她的家境很好。

有一年她过生日，邀请我参加她的生日聚会。我想给她送一份生日礼物。尽管我没有太多钱，但还是精心给她挑了一份比较贵重的礼物。生日当天，我把礼物送给她，结果她看都不看就放在一边，我更不知道回家后她是否还记得哪一份礼物是我送她的。

后来我的生日也到了，我拿她当朋友，很自然地邀请她来参加我的生日聚会，结果她没有来。说实话，她让我很失望，觉得她不屑跟我交朋友。

后来我才慢慢懂得，其实她并没有看不起我，我们只是在意的事情不同。

我之所以产生了这样的转变，是因为同样的事情在我生命中再次上演，只不过，这一次角色发生了对调。

有一次生日前，我在朋友圈发了一条动态，告知大家我生日聚会的时间和地点，热烈欢迎想一起玩的朋友。

然后一个认识的女生来了，还送给我一个价值不菲的手机壳，为此她专门发了消息给我，让我一定要用上她送的手机壳。看到信息，我才知道这个礼物原来是她送的。

没多久，轮到这个女生过生日，她邀请我去玩，结果我没去。原因很简单，我不想去。我也不想跟她有进一步的交往。

也许这话听着很刺耳，让人不舒服，但这是我的真实想法。她送了我价值不菲的手机壳，可以看出她拿我当好朋友，或许她认为，我也当她是很要好的朋友。

事实并非如此。何况那个时候我比较忙，有很多事情要做。

这件事让我突然回想起自己不被待见的那些场景，郁结心头的失落和不满瞬间释怀。

当初，我觉得我拿对方当朋友，对方也应如此待我。殊不知，这只是我的一厢情愿。她并未将我视为朋友，我也没有真正走入她的心中，所以，我得不到朋友间该有的重视和尊重。至于她为什么不拿我当朋友，原因已经不重要了。

我们总渴望自己是独一无二、值得对方珍重的那个人，这本没错，但是，千万不要高估自己在任何一段关系中的地位。

你掏心掏肺，不一定能换来对方的两肋插刀。期望越高，失望越大。

电影《山河故人》中有句台词："每个人只能陪你走一段路，迟早是要分开的。"

人生如旅途，迎来送往，皆是过客。

没有谁，可以陪我们走完一辈子；只有自己，才是旅途的唯一过客。

世界很大，当我们看过人生百态，才知道当年的困惑，不过是自己放不下。

经历过人情冷暖才会懂得，别看轻自己，也别高估自己。如果你连自己都瞧不起，谁还会尊重你？别高估自己，才能在与他人交往中来去自如、宠辱不惊。

回看这些往事，我越发感激那个不曾放弃的自己，当年那个渺小自卑的我，在风雨坎坷中成长，迎来花开芬芳。

因此，如果此刻的你有着各种无助，面临各种难关，不必惶恐，不必慌张，只管默默努力，做好当下该做的事情，耐心等待时光，属于你的好运正在来的路上。

第二章

依靠自己，未来会更好

你就是光

你的未来，一定会比现在更好

人生最大的财富是什么？在我看来，丰富的经历就是一种财富。

你亲历过的所有事情，都是人生拼图中不可或缺的一块。人生没有白走的路，每一步都算数。

对很多人来说，初恋是一段永生难忘的时光，它不仅带给我们最纯美的爱情，还能令我们迅速成长。

我的初恋男友是新加坡人，比我大十几岁。认识他，缘于唱歌。

高中毕业后，我在酒吧驻唱，一方面是发挥自己的天赋和优势，另一方面是努力工作挣钱。在每天驻唱的酒吧，我遇见了他。他气质很好，颜值很高，这些耀眼的外在条件让我对他充满了好感。也是他，让我相信了一见钟情。

在此之前，我从来没有想过喜欢谁，也从没想过谈恋爱。但看到他的那一眼，我就知道，我的爱情终于来了。

当他坐在舞台边上，我破天荒地主动跟他打招呼，聊了起来。没有其他女生在怦然心动时的矜持，我很热情积极。毕竟，爱情可遇不可求，碰到喜欢的人，何必扭捏做作呢？

他对我印象也很好，就这样水到渠成，我们自然而然地成了恋人，开启了甜蜜的热恋时光。

当我跟好友分享这件事时，她们都觉得惊讶。

一是她们觉得这段感情来得太快，不像其他人谈个恋爱，又是暗示，又是表白，还要猜测对方的心思，我的恋爱完全没有多余的动作，确认过眼神，遇上对的人。

二是她们都觉得我在这段感情中特别理智，很有主见，不同于其他女生会迷茫徘徊，拿不定主意。

的确如此。

这段恋情让我找到了久违的自我，男友带我探索了未知的世界。

我兴奋地对好友说："你们知道吗？现在的我，感觉特别好，就像挣脱了手铐脚镣，挣脱了束缚，一下子自由了！"

初恋，带给我的不是激情和浪漫，而是自我突破。

男友事业有成，对我很好。当时，我每周的生活费只有妈妈给的一百元，男友一下子把这个标准提高了十倍，当我每周有一千元随意支配时，这笔钱对我而言算是一笔巨款了。

经济条件的改善，带来认知的改变。

平常我们都会说，要对自己好一点，但到底什么才是对自己好呢？

我想它应该是顺其自然：不想要的东西就不要，不想吃的就不要吃，吃不下了就停下。就是这么简单。

这些认知和领悟，都是我在初恋这段中学会的。

男友感情经历丰富，他不想结婚，所以跟他恋爱的结果只有两个：或者继续恋爱，或者分手。

恰好，那时的我也没有结婚的念头。毕竟我很年轻，我不希望婚姻来得太早、太仓促。我想在人生旅途中遇见更多有趣的人，见识更广阔的世界，在茫茫人海中，找到那个可以携手步入婚姻、在平淡琐碎中共度一生的人。

打算跟男友分手时，我不是没有顾虑，习惯了男友的支持，生活会不会重回窘境，又过上节衣缩食的日子。

所以我跟妈妈聊过这个事情，妈妈的回答很有智慧。她说："你要相信，你的未来一定比现在好，你会越来越好。"

这句话像一针强心剂，让我坚定了继续前行的勇气，我果断结束了这段感情。

虽然这段恋情只维持了不到一年的时间，但不可否认，这段经历让我学会了很多东西。

作为人生中第一段感情，我更愿意将它看作情感启蒙。它教会我，喜欢是一件简单的事，任何一段亲密关系，喜欢是前提。每段感情的到来，都有它的使命，我们对待感情，也要有自己的定位。

学会理性对待感情，如果你希望碰到优秀的对方，你要先成为优秀的自己。

没有人十全十美，毫无瑕疵，相处时，我们要有所取舍，从这段关系中汲取养分，而不是互相伤害。有人可以提供情绪价值，有人可以保障物质生活，有人可以长情陪伴，有人可以带你成长。学会在对方身上看到优点，而不是缺陷。

同时，对你再好的人，也不要指望他来满足你所有的需求。谈恋爱，用心，用情，更要用脑。只有这样，你的状态才是理性的。

人只有在理性的时候，才能听到自己内心的声音，知道自己到底要什么，从而去满足自己的内需，而不是错误地期待他人，揣测他人的想法，等着被满足，这不现实，也是精神内耗。

我常常在想，人生是用来体验和经历的。每次经历，不论喜怒哀乐，都是一次历练，都能促进我们成长。

事业和感情都是如此。

当碰到挫折和不顺时，我就会想起妈妈说的那句话：“你的未来一定比现在好，你会越来越好。”

对待生活的磨难和失败，我们的态度和眼界，决定了我们拥有什么样的未来。

对待爱情，沉浸在过去、难以自拔的人是最傻的，她（他）们不仅浪费了有限的生命，还错失了重新开始的良机。

学会在失恋中成长，学会感谢前任，你会发现，每段经历都是收获，都能让我们成为更好的人。

治愈自卑，永不止步

有人说过，钱可以解决很多问题，但有的问题也是钱不能解决的。

这话在某种程度上说，它是有一定道理的。

有一次，我跟一个同学去找一位姐姐。为了省钱，我们决定坐公交车过去。原来可以到达目的地的公交车，却因为修路的问题，临时改线了。公交车到了它的终点站后，离我们要去的地方还有好几站路，需要再搭乘一次公交。

结果，我跟同学两人翻遍了全身，也凑不出车票钱。说出来大家都难以置信，公交车票能要多少钱！但就是这几块钱，彻底难住了我们。

古人常说，一分钱难倒英雄汉，这是我第一次体验到这种感觉。

我和同学身无分文，寸步难行，站在公交站台上，狼狈不堪。想了半天只能硬着头皮，给姐姐打电话，姐姐听完我们的“惨状”后，让我们打车过去，车费她来支付。

到达目的地后，我很难为情，恨不得找个地缝钻进去。

没钱，真的太难了，挣钱的紧迫性一下子被提了上来。那一刻，我就暗下决心，要好好努力，这种买不起公交车票的糗事，再也不能发生了。

我开始留意各种可以挣钱的机会，包括寻找可以合作的伙伴。机缘巧合下，我认识了隔壁高校的一个女生，她很漂亮，会跳舞，而我会唱歌，我们两人有很多共同话题。当时我就萌生了一个大胆的想法，想跟她成立一个乐队组合，我们能歌善舞，应该会受到大家的欢迎。

结果，乐队没有落地实现，机缘巧合下，我做起了红酒生意。起因就是那个女生的法国男友有自己的酒庄，闲聊中大家就谈到了卖酒，于是一拍即合，

她的男友让我们帮他把酒卖出去，挣到钱了再按成本价付给他。于是，我跟这个女生就从搞乐队变成了卖红酒的商业组合。为了更好地推广红酒，我在学习之余开始跑业务，主动找饭店和 KTV 老板介绍红酒，参加饭局时也会留名片给可能会买红酒的人。

我们渐渐认识了许多人，从商的打工的都有，商机也多了起来。红酒业务正常展开了，加上不菲的利润，我慢慢挣

了一些钱。

在从事红酒推广工作的过程中，我认识了形形色色的人，参与了大大小小的社交活动，我学到了很多比挣钱更重要的东西，这些都是我在学校里学不到的。

我试着学习模仿那些成功人士的处世方法。

我去参加一个饭局，有人请吃饭，散席后，请客人还给每位出席的宾客送了一份贵重的伴手礼。大家本来就吃得挺开心的，吃完饭后还有伴手礼，简直锦上添花。

中国人历来讲究礼尚往来，这个请客人无形中就结了一份善缘，将来他需要别人帮忙的时候，会容易得多。

很多时候，我们不懂一个道理，那就是有舍才有得。舍不得投资，自然没有回报。

再如，托人办事，我找同学帮我办事，我都会相应地给予报酬。因为帮你办事要占用他的时间和精力，有时还有经济成本，好比他要打车才能帮你办事。这种情况，我都会给上一两百元或者更多，作为同学的酬劳。一来二去，同学们都乐意帮忙，也会主动帮忙。

在努力拼搏的过程中，我逐渐体会到久违的成就感和自信心。

曾经一直笼罩在心头的自卑感也逐渐淡化，我开始有能力去做更多我想做的事情。

当时，我每周的生活费只有一百多元，因为有了卖红酒的收入，我的经济情况也得到了极大的改善。

我可以给父母买礼物，给他们零花钱，他们也会好奇，问我怎么会有钱，难道是生活费里节约出来的？因为我隐瞒了自己跟朋友卖红酒的事情。

父母就希望我一门心思学习，不要做其他跟学习无关的事情。于是，我就用“善意的谎言”一步一步给父母解释，我告诉他们这是我出去商演挣的钱，直到有一天，我一次性给了父母两千元，他们震惊了，我才把真相告知他们。

听完后，父母虽有点顾虑，但看到我确实可以独立挣生活费了，学习成绩也没有下滑，就默认了我的选择。

除了卖红酒，我还尝试了做很多事情。

比如推销护肤品和美妆品，很多女同学都爱化妆，我就背着大包，带着东西，去敲宿舍门，上门推销。我自己皮肤不错，推广护肤品，我就是活广告，所以小生意做得还不错。

玉石和茶叶生意，我也做过。还有就是跟同学参加一些商业演出，也能挣一些劳务费。

两年后，我用自己挣的钱，加上父母的一些积蓄，给他们买了一套新房。因为妈妈的心愿就是换个大一点的房子，有个更好的居住环境。

因此，当我有了足够的经济实力后，第一件想做的事就是成全妈妈的心愿。新房离我的初中学校很近，楼上楼下加起来有一百平方米，对我们一家三口来说，这已经很不错了。没多久，我还存钱买了一辆汽车。

也许是成功带来的底气，也许是努力打拼的实力，这一刻，我彻底摆脱了自卑感。

虽然我出生在城市，生活条件远比其他家庭的孩子好很多，但父母为我选择了一条艺术生的路线，哪怕我的家境根本支撑不起。

他们很要强，不希望自己的孩子比别的孩子差，所以，他们咬紧牙关，勒紧裤腰带，艰难地供养我学习，为之付出的代价就是，除了学习艺术的费用，再也拿不出多余的钱，日子过得紧紧巴巴。

只有我知道，这种现状带给我多少痛苦的煎熬。

我也有虚荣心，会暗自跟其他同学比较，渴望更好的物质生活，遗憾的是，现实容不得我任性。

直到我能买房买车时，我才终于可以对自己说："我可以自己挣钱了！我再也不必因为穷困而感到自卑了！"

人生漫长，别因一时困顿，就止步不前。

有时候，自卑才是促使我们不断奋进、不断突破的最大动力。

与人交往，贵在不越界

俄罗斯作家尤里·邦达列夫曾说：“人类一切痛苦的根源，都源于缺乏边界感。”

边界感是人际关系保持舒适的重要因素。

在我兼职卖红酒的时候曾遭遇一件事，这让我开始思考，到底该跟他人保持什么样的距离才是最合适的。

有一次推销红酒，遇见一个大家都叫他“大哥”的人。不同于电视剧中霸道凶狠的形象，这个大哥对我的态度很不错，虽然他的朋友都很敬畏他，但我跟他相处时，他很亲切随和，也很照顾我的生意，还送我小礼物。

有一次，大家一起去唱歌，这个大哥也带人过去了。当时很多人在点歌，我点的歌曲被排在了几十首之后，为了赶紧开唱，我就把我的歌选择了优先。

结果，令人震惊的一幕发生了。

即将播放我点的歌时，那个大哥“砰”的一声把话筒摔到地上，大声开骂："谁把我的歌切出去了？"顿时，我整个人都吓傻了，浑身发抖，待在原地，不敢说话。包厢里的其他人也不敢吭声。

当他看到是我变更了顺序时，语气突然间软了下来，说了一句"是你啊"。然后捡起了话筒，重新坐下了。

我赶紧找了个借口，说去洗手间，打开门就跑了出去。刚出门，就听见大哥把一个大扎壶"哐当"一声地扔到了我身后的门上。

我顿时明白了很多，那天我再没有回到唱歌的地方。现在想想，我已经无形中得罪人了。果然，没多久我就听说大哥不再让我在他的场所里卖酒了，我也因此损失了一些收入。

我知道错在我。我高估了自己在他人心目中的地位，我以为大家经常见面，加上他对我一直都很客气，彼此的关系很熟悉，所以我在切歌的时候没有提前和他说。我默认对方会允许我的行为，也主观地认为换个顺序太正常了，小事一件，何足挂齿。

没想到，这些都是我片面的想法，我跟对方的关系并没有我认为的那般亲近，亲近到他会包容我的无心之过。

类似的事情还有一件。

有一次，我跟别人吃饭，其中有一个男士跟我玩游戏。

大家边玩边聊，还挺开心的。男士一连输了好几次后，脸色开始变得难看，他对我说："你会不会做人啊？"那个时候，我还大大咧咧地回了他一句："你会不会玩游戏啊？"

我以为大家都是朋友，开个玩笑而已，没想到，他直接拍桌子对我吼了起来："你要是不会做人，就给我出去！"

这个结局完全出乎我的意料。我怎么也没想到，他对我的态度转变如此之大。不得不承认，我当时感到很受伤，曾经我以为自己"人见人爱"，跟大家都相处得很好，我以为大家都拿我当朋友，都喜欢我，直到这时我才意识到，我想错了，而且错得很离谱。

在与他人交往时，总是自我感觉良好，行事轻率、随心所欲，是一种病，得治。

自从这两件事以后，我开始有意识地学习与他人交往的分寸，既守好自己的底线，也尊重他人的边界。

现实中很多小事都能反映出一个道理：你要是逾越了对方的边界，就会引发对方的不满，甚至激怒对方。

就拿我随意切歌来说，就算我跟那个大哥是朋友，我也没有权力把他点好的歌曲切掉，除非征得他同意，何况我们还不是真正意义上的朋友。

是我逾越在前，怪不得他怒气冲天。

还有那个吼人的男士，作为甲方，他是有优越感的，而我作为乙方，不仅没有维护他的面子，还开口顶撞他，就属于没拿自己当外人了。

跟客户打交道，还是保持适当的距离比较好。永远尊重你的甲方，把优越感留给甲方，是乙方该有的自觉。

除了跟客户交往，我们跟任何人的关系若想要长久，就要掌握好分寸感和边界感。

我们要甄别自己跟对方的关系，远近亲疏要拿捏好。越是熟人，越要谨言慎行，不越界。

因为对于陌生人，我们会本能地疏远，压根儿不会做出冒犯他人的事。反而是熟人，我们仗着关系近，说话做事不走心，无形中就侵犯了他人的安全边界，给他人带来不适感。

明白了这个道理后，我开始刻意修正自己的言行。

我会敏锐地捕捉对方的情绪，仔细聆听对方的话语，判断对方当下的状态，即便对方说的是玩笑话，我也会认真聆听。

跟人打交道是生活中的一门必修课，保持边界感，是这门必修课中非常重要的一个环节。

过去的我跟人相处时，总是一副高高在上的样子：名校毕业，歌唱得好，参加过各种比赛，获奖无数，我会想当然地认为大家一定会认可我、捧着我，甚至是顺着我。

因此，跟他人交往时，我会不自觉流露出这种骄傲的态度：非常自信，说话做事很自我。有时候还口无遮拦，言辞锋利，令人反感。

实际上，最好的态度应该是，既保持自我的底线，也要尊重他人的空间。

我们可以大方自信地跟人交往，也应懂得照顾对方的情绪，提供他们需要的价值。根据自己在与他人交往中的定位，做出适当的行为，恰到好处、不偏不倚，这样的关系才能久处不厌。

如今我的直播做得很好，但每次有人来咨询，我都会摆正心态，不会得意扬扬、趾高气扬地对待他们。因为他们才是我的客户。保持专业和谦卑，尊重每个客户，提供到位的服务和价值，才是我该做的事情。

这种态度，在感情关系中亦是如此。

男女双方都要相互尊重，不随意践踏对方的尊严。有一些娇俏的女生，在感情关系中会凌驾对方之上，有时候会做出过激的行为。比如随时随地查岗，不管不顾哭闹，事无巨细控制，这些行为都属于没有边界感的范畴。对方也有独立的人格，拥有自由选择的权利。

有位名人说过，人际关系就是人与人之间摸索彼此能继续往来的分寸。因此，保持边界感，不要越界，不要侵占对方的“自留地”。

收放自如，才能大有可为，扶摇直上

我在卖红酒的时候，遇到过两位叔叔，一位是做服装的，一位是做房地产的。从这两位叔叔身上我学会了很多社交技巧和为人处世的智慧。

先说做服装生意的叔叔。

这位叔叔有一定年纪了，但活得很年轻，他喜欢蹦迪，偶尔也邀请我一起去。一起吃饭的时候，我就像一只骄傲的兔子，蹦跶个不停，为了活跃气氛，我还会说一些段子，哄得全桌人大笑，那时我觉得自己特别厉害，幽默感十足。

有一次过生日，这位叔叔送了我三只猴子玩偶：一只捂着眼睛，一只捂着嘴巴，一只捂着耳朵。

他对我说："你是个非常聪明的女生，有些道理，我觉得你需要知道。做人，能放下不算厉害，能收起也不算厉害，收放自如才算厉害。将来你要是谈恋爱，或者认识一些对你事业有帮助的人，你一定要记住，要像这些猴子玩偶一样，不该看的不看、不该听的不听、不该说的不说。这好比你在饭桌上讲段子时，你以为大家会因为这个段子而开心，实际上，很多人只是表面上附和，一笑而过，内心里已经给你的形象扣分了。”

认识叔叔这么久，这是他唯一一次跟我说这些话。

刚听完时我并不高兴，总觉得被人批评了，因为我一直觉得大家都很喜欢我，没想到我竟是小丑。

我平复了一下起伏的情绪，仔细想了想叔叔的话。他比我年长，经验阅历比我丰富，我相信他说的话是对的。

反观我过去的行为，不修边幅，行事直率鲁莽，自以为这是坦诚，却不知容易招人误解，甚至会被别有用心之人利用。

于是，我决定弥补自己的不足。

在每次想要脱口而出时，我都会抑制住自己的表达欲，把话语重新组织一遍，看看是否合适，然后再说出来。

想起叔叔送我的三只猴子玩偶，少言、少听、少看，其实不就是让我们跟人打交道时拿捏好度，管住自己的表达欲吗？

那一刻，我很佩服叔叔的识人能力，他一眼就看穿了我的内心。我确实渴望在各种场合成为众人关注的焦点，因为我要表现自己，从而吸引一些优质客户。

表现自己没有错，但用错了方式，用力过猛就会适得其反。这像我过去那些夸张且跟自身形象不符的言行，不仅没有帮我，反而破坏了我在他人心目中的形象。

所幸，叔叔及时点醒了我，让我没有在错误的方向上渐行渐远。

再说说那位做房地产生意的亲叔叔，他也给我上了人生中重要的一课。

这位叔叔是我发小的亲叔叔，所以我们很熟悉。

很多次，我们都在一张桌上吃饭。我依然是全场最“不消停”的那个人，我跟所有人打招呼，每个话题我都能接两句。大家都不说话时，我就来制造话题，试图让饭桌的气氛更热闹。

我自我感觉良好。

后来有一次，这位叔叔特意把我拉到一个包房里，跟我说：“你在饭局上是个开心果，你想要活跃气氛，所以你一直在找话题，试图在每个话口都释放你的能量，这件事你做得很好。但是有一个问题，你这样做很容易喧宾夺主。因为每场会面都有主题，有人做东，有人应邀，他们才是运筹者，而不是你。你过度积极的状态，会让其他人在饭局中没有机会表达自己。所以有时候，你要学会沉默，不要怕冷场，你不说话，总有人会说话。”

他讲这番话时，语气非常委婉，我能感受到他的真诚和对我的认可。从这以后，我跟他人吃饭时，都会有意识地控制自己。即便某一时刻突然安静下来，大家都在各自吃饭，没人说话，我也不再主动制造话题，喋喋不休。

事实证明，我不说话，总有其他人会开口，而我只在必要时有所回应就足够了。

如果你要得到朋友，就让对方表现得比你出色。

上天给了我们两只耳朵、一张嘴，就是让我们学会多听少言。

不论在什么场合，别总是自说自话，打开话匣子就收不住，要适可而止，学会闭嘴，耐心聆听，才是他人交往的黄金法则。

跟做服装生意的叔叔一样，我也收到过这位做房地产叔叔送的特殊生日礼物。

他语重心长地告诉我："你才二十岁，可是你身上却有着跟年龄不符的成熟，包括你的眼神、坐姿，还有说话的语气。其实，你完全可以换个方式，活出二十岁女孩该有的青春和活力。不然总有人会揣测，你到底经历过什么才有这样的心态。"

叔叔的这番话，让我意识到自身原来有这么多不足，这么多需要成长和改善的地方。

不可否认，过去的我确实活得很张扬。我渴望蜕变，渴望成功。我抓住机会，不遗余力地向众人展示自己，证明我的勇气和能力。

这么做的目的很简单，我想要吸引更多人的关注，尤其是想要结识更有能力的人，帮助我发展得更好。

但我疏忽了一点，凡事过犹不及。

过于张扬和自我，过度释放自己的能力，反而招致他人的排斥和疏远。

做人，还是要懂得审时度势，如同两位叔叔给我的忠告一样，既要懂得在合适时机展示自己的优点，也要懂得在必要时收敛自身的锋芒。

释放是一种本性行为，做起来很容易，但能收住能量，才是本事。这一点就跟发脾气一样，人人都会发脾气，但控制脾气，很多人难以做到。

为人处世中，要学会收放自如，驾驭好自己的秉性。

学会等待、聆听，适可而止，才会稳中有进，大有可为。

学会复盘，成就更好的自己

想要更好的生活，就要学会投资。

我在大二的时候就投资了酒吧生意，希望获取经济回报，给自己和家人更好的生活。

为什么选择投资酒吧呢？原因很简单，我当时兼职卖酒，自然少不了跟酒吧打交道，把酒水推销给这些场所。频繁接触后，我发现酒吧的生意都很火爆，不缺客户。

很多酒吧的所有人并不参与经营，只需要投资一笔资金，成为股东，就能每个月稳定地拿到分红。于是我找到一家酒吧的店长，聊了入股的事情。起初对方婉拒了，因为这家酒吧当时不招募股东了，但我没有放弃，有机会就会跟店长聊入股的事情。

机缘巧合，一个小股东因故退出了，他的股份就转让给了我。说实话，当时我非常紧张，因为这是我人生的第一次投资。我并不精通酒吧管理，也没有其他投资经验，我拿出自己积累的几万元投入酒吧后，心里没有底，生怕资金打了水漂。

一个月后，我就拿到了几千元的分红，这给我吃了一颗定心丸。酒吧生意真的非常好，此后每个月都有稳定的资金到账。随着我对酒吧生意模式的了解，我开始继续投资其他酒吧。

选择入股的酒吧时，我会遵循两个标准：一是地段要好，好的地段是客流量的最大保障；二是看管理层的思路，好的管理者会有独到的眼光，懂得如何经营酒吧，才能吸引更多的客人光临酒吧，人气越旺，酒吧生意自然就越好。

根据这些标准，我在酒吧的投资都很成功。参与投资的过程中，我也悟出了很多心得。

拿投资酒吧来说，我是如何琢磨出自己的投资方法呢？

答案就是在酒吧里边玩边学。

我没有跟专业投资人士学习过投资技巧和操作方式，但我会在酒吧的实际环境中去观察、去分析，寻找共性和特点。

有时候，朋友间也会一起交流探讨，大家集思广益，想出更多更好的投资建议。

有人总觉得，投资是“高大上”的话题，是门槛很高的事情。那是金融精英会做的事情，普通人一是没资本，二是没技术，谈何投资？

这是个很大的误区，实际上，投资是每个人都能做的事情。只要我们想做，善于当个生活的观察者，捕捉商机，敢于行动，我们都可以成为“投资人”。

用钱挣钱，是一种投资；利用好我们的时间，也是一种投资。

比如工作。对多数人而言，工作将占据人生三分之一的时间，所以好好工作，也是一种投资。很多人把工作当成了负担，当成不得不去做的事情。对我而言，我把工作当成享受。

还拿投资酒吧来说，我想要实地考察酒吧，也要花时间跟负责人沟通，每次做这些事情，我都抱着愉悦的心情。品酒谈天，何尝不是一件快乐的事情？

我的工作需要长时间直播，直播后真的很疲惫，这时，我就会给自己点一份美食，犒劳辛苦的自己，也会做一些让自己开心的事情，比如去唱歌跳舞。我努力赋予工作更多的意义和内涵，不仅把它当作谋生的手段，也把它当作美好生活的一部分。

工作为我赋能，我给工作加油。

很多人不这么认为，他们觉得工作是痛苦的，把工作跟生活分得非常清楚，然后拼命工作，想早日退休，过上所谓的“快乐生活”。

我认为工作和生活并没有严格清晰的界限，一辈子中用来工作的时间也很长。如果这么长的时间，都过得很累，我们整个生活的品质也高不到哪里去。

曾经有人问我："想过在多少岁之前退休吗？"

我说："没有想过。为什么我要退休？退休了以后我干什么？钓鱼吗？每天睡觉吗？一个人活一辈子，总得干点什么吧！"

所以，我没有考虑退休这件事，我会愉快地挣钱，然后更加快乐地去工作。

稻盛和夫说过："工作的意义绝不只是挣钱养家那么简单，而是有着一种更为高贵的根本意义，工作可以陶冶人格、磨砺心志，让灵魂变得更崇高、更美好。"

因此，我愿意工作一辈子。

在我的人生经历中，很多人给过我忠告，让我发现那些自己没有察觉或者完全未知的问题。

我很感激这些人，他们都是我的导师，让我学会了很多宝贵的经验。同时，我也很感激自己，因为我做到了一件事，就是复盘。

有人说过，复盘，就是一件事做完以后，不论失败或成功，都重新演练一遍。我很赞同这句话。

过去发生的很多事情，难题也好，困顿也罢，我都习惯复盘一下，看看我当时是如何解决它们的，如果重新来一次，我有没有更好的解决方式。

我的酒吧投资也并非没有失误。有一次，我选了一家地段不太好的酒吧，老板的运营模式也很陈旧，导致酒吧生意惨淡，我的投资全部亏损。事后我就复盘，原来在投资前，我忽略了很多细节，没有做足功课就仓促入股，所以为之交了不菲的“学费”。

复盘失败的经历，我会记下要点，重新规划投资方向，这才有了后面的投资获利。复盘带来的好处，显而易见。

每走完一步，我都会回头看：当时的我是什么样的想法？我为什么会有这样的想法？我正视自己所有的情绪，采取行动化解那些消极的情绪，努力让自己保持平和。

如果没有复盘、不去思索，类似的事情还会发生，我们还是老样子，没有改善和进步，对生活和事业的掌控力就不会提高。

习惯成自然。复盘已经融入我的生活，成为一种类似本能的行为了。

我将复盘比作学生时代的错题本，经常错的题目，我们抄下来，时刻温习，这样下来，以后就不会再错了。错题本越来越厚，我们不会做的题目就会越来越少。

不断复盘往事、复盘情绪，就能提高自己的情绪感知力和掌控力。

工作、投资、生活，诸事皆可复盘。

复盘最大的意义就是，更好地认清自己、让自己过得更好。

及时止损，不辜负奋斗的自己

有句玩笑话：人在职场漂，怎能不挨刀？

我在职场生涯中也挨过“一刀”，那就是被客户的领导“教育”。

发信息给他汇报项目进度，他就会打电话责怪我，“为什么不直接通电话而要发信息？”不等我解释，他立刻挂掉了电话。

等到下一次汇报工作，我想起领导的要求，于是打电话给他，结果他又说我，“没事打什么电话？”

似乎不论我做了什么，都难以让他满意。

起初我并未意识到这背后的问题，只是暗自苦恼，碰到了难缠的客户。

2016 年，我接手对方的一个项目，一期顺利完成后，我找他跟进后面的二、三期，谁知他直接用“能力不行”四个字，拒绝了我的请求。

当时我很困惑，不知道为什么他会这么说。

他一方面接受了我的工作成果，一方面又不断指责我，让我羞愧，不得不继续努力工作。遗憾的是，不论结果如何，我都会被他无情地鞭挞。

最后，我跟那个人绝交了。在项目结束以后，我发了一条很长的信息告诉他：我在项目里已经尽力了，我在用很真诚的态度跟他交朋友，但我觉得他在拿身份压我。

他当时没有回复我消息。

从美国留学回来以后，我认识到，把这个事情归咎于他行为恶劣是没有意义的，因为他就是一个话语权的掌控者，他既可以把项目给我，也可以随时把项目收回，这是他的权力。我指责他的决策，并不能改变事情的结果。

所以，我选择了继续复盘自己，重新发现自己的不足。

第一，我没有完全匹配他的需求。当时的我缺乏和项目领导合作的经验，我没有拿出百分之一百的细腻来总结出他所有的需求。说到底，我还是没有进入他的价值框架。

第二，我的心态没有放平。当时的我太怯懦、畏首畏尾了，以至让他觉得我没有能力。其实不论对方如何贬低我，我都不能被他的话语影响了心情，更不要因此自我怀疑，觉得自己一无是处。

第三，要学会换位思考。拥有仁爱之心的人，会理解每个人行为背后的考量和苦衷，也会明白每个人都是基于自己的立场去考虑问题。有了这样的眼界，我们就会知道，世上没有绝对对立的人，很多时候，都是立场不同，试着理解对方的心理，我们才能冷静评判，正确抉择。我当时就是忽略了这一点。很多人其实是不会明说自己的想法的，他们会表达得很隐晦，或者并不知道自己想要一种什么样的结果，需要你跟着一起探讨，反复沟通，帮助把一个模糊的构想变成清晰的目标。我没做到位的地方就是沟通不够积极主动，不能用心揣摩对方的言外之意，只是被动接受对方的指令。后来，我把自己的想法写了一条长信息，发给了对方，他赞许了我的做法。

第四，在全部项目完成后，我跟这位领导再也没有产生交集。我可以释怀工作上的很多误解，但不代表我会继续跟他成为朋友。

这份经验就是告诉职场小伙伴，领导是需要被尊重的，正确的工作指令应该服从，但并不意味着对方就能站在道德的制高点上，利用职权对自己进行贬低。所以，该反思就反思，该离开就离开，去选择真正适合自己的平台。

一份好的工作，或许忙碌，或许疲惫，但更多的是能够带给自己成就感与满足感，让自己有足够的空间施展才华。

人生的选择有很多，懂得珍惜，也要及时止损，才不会辜负努力奋斗的自己。

经历风雨，终会见彩虹

我们经历过的每件事、遇见的每个人，都有存在的意义，所以一切都是最好的安排。

回顾我的职场生涯，有过幸运和机会，也有过低谷和迷茫。在高低起伏、酸甜苦辣中，我收获的是成长。

机会是留给有准备的人的。

我曾经参加过主持人大赛，获得了第三名，根据规定，前三名能到电视台实习。想到电视台的主持人，都是光鲜亮丽，活跃在镜头和镁光灯下，我就对自己的实习工作特别期待。

进入电视台实习后，我发现情况和我想象的大相径庭。

每个人都忙着自己的工作，我在电视台里不仅没有人带，也没有人管，我感觉自己就像被遗忘在角落的花瓶一样，无人问津。

没有办法，我就主动出击，到处找人问，告知他们我是通过主持人大赛选拔出来到这里实习的，我应该去哪个部门，具体找谁带我实习。

新闻组的老师跟我说，你去找记者，跟他们一起去采访。于是我就找到记者，每天跟着他们去摄像访问。他们忙碌着，我就在一边观察学习。我希望有一天，我也能像记者一样，神采飞扬地出现在镜头里。

于是，每次跟班出去，我都会将自己打扮得很漂亮，画上精致的妆容，虽然大概率轮不到我出镜，但这不妨碍我以最佳的姿态去实习。

有一次，我跟着一位女老师跑了几周采访，她突然问我，每天都化好妆，是不是为出镜做准备。

我点了点头，没有隐藏自己的想法。

女老师见状就告诉我，她本人更喜欢做幕后的处理工作，对于上镜她不擅长也不喜欢，如果我愿意，她可以给我机会，我开心地答应了。

就这样，我等到了属于自己的高光时刻。

从小的舞台经验，让我的镜头感很好。面对镜头，我丝毫没有胆怯，我可以轻松应对，侃侃而谈，整个状态非常自然，表现出色。

当看到自己出现在电视节目中时，我特别兴奋，有种打了胜仗的成就感。

随着我露脸的次数越来越多，电视台的人都认识了我，很多人就找到我，安排我出镜，帮他们录制节目。

我也通过这次实习，更加坚信，人要时刻准备好，主动迎接机会，而不是被动等待。

罗曼·罗兰说过："人们常常觉得准备的阶段是浪费时间，只有当真正的机会来临，那些肯低下头，为每一个可能性提前做足功课的人，才能在机会降临时迅速抓住，大有作为。"

我在电视台的实习经历，从最开始抓住机会，到后来越战越勇，我还给自己制造了一个更大的机会，那就是加入SNG（卫星新闻采集）组。

这个组是专门进行事故现场直播报道的，对记者的要求很高，需要记者根据现场情况迅速厘清思路，组织好语言，在镜头前临场发挥。

进入SNG组后，作为非专业人士，组长起初并不相信我有能力做好这份工作，于是没有给我安排任何节目。我没有气馁，反而每天跟在组长身后，向组长请教我不会的问题。

也许是我的持之以恒打动了组长，有一次他同意带着我去现场。

当时发生了一起沉船事件，我们坐着一艘小船，从河的这一头坐到另一头，要拍摄整个沉船救援的过程。在渡河的这段时间里，现场直播的记者必须要把沉船事件介绍明白。

负责的男主播当天非常紧张，加上船行不稳定，一直晃动，他就越发紧张。船来回开了五六次，节目马上要直播了，男主播也没有说清楚。

组长着急了，直接问我："你能不能行，要不上去试试？"我自信满满地说："我能行。"然后只录制了一遍，就顺利通过。这次亮眼的表现，让组长对我的态度发生了一百八十度的转变，我也成了组内经常跑现场的主力。

现场报道这份工作难度很大，也很辛苦。有时候为了一条新闻要忙到半夜，凌晨才能回家。没有睡几个小时，早上八点又要继续回台里上班。

我去过凶案现场，我也去过山体滑坡和车祸现场，各种突破想象的场景我都见识过了。

虽然我是一名实习生，没有编制，也没有收入，但是我始终激情满满，全身心投入这份工作，努力做好每一个细节。

在我看来，享受努力奋斗的过程，有一种无上的满足和快乐。

我经常上电视，父母看到后都很开心，逢人就夸奖我，亲友们也以我为荣。得到家人的认可，让我的内心充满了自豪，我愿意成为他们的荣耀。

我甚至开始幻想，我会不会就此转正，留在电视台，成为一名正式员工。可惜，梦想还没捂热，意外就突如其来，我的“记者梦”瞬间幻灭。

有一天，电视台新闻直播的总负责人把我叫到办公室，直接告诉我，即便我一直这样出镜上节目，电视台也不会留下我，不会给我安排编制和工作。他的语气很不好。

我很震惊，瞬间觉得天旋地转。我问他：“为什么？”

他没有给我答案，只是告知我最终结果，希望我自己考虑清楚去留。

我不记得那天是如何走出他的办公室的，我只知道心里很乱、很空，一直以来支撑我努力工作的东西瞬间消失了。

我跌跌撞撞地回到家，想了一晚，最后忍痛放弃了这份我很热爱但无法继续的工作。

或许有人会质疑我，为什么不据理力争，为什么不给自己争取一下。原因很简单，这就是一次实习，说白了就是体验生活，我的去留，电视台说了算。

事后我从 SNG 组长那里得知，找我谈话的负责人安排了其他人进电视台，所以他们需要我腾出地方，我自然没有留下的必要了。

我也可以继续去工作，当一个免费劳动力，但说实话，没有工资收入，我的生活就没有保障，很难持久。

及时止损才是上策。人生没有事事如意，不是所有坚持都有结果，放弃也是一种选择，失去也是一种收获。

离开电视台后，我整个人也看透了很多。

我体会到“人在屋檐下，不得不低头”，也体会到“有人的地方，就有江湖”。这些都是我无可奈何也无法控制的事情，我不必常怀执念，更不必失去对未来的信心。

我对家人隐瞒了离开的真相，我告诉爸妈，是自己太累了，也挣不到钱，所以不干了。父母略有责怪，觉得我吃不了苦，不懂事，不会坚持。我没有解释，默默承受了这些负面情绪。

泰戈尔曾说过：你今天受的苦、吃的亏、担的责、扛的罪、忍的痛，到最后都会变成光，照亮你前进的路。

既然我的梦想找不到可以寄托的平台，为什么不给自己搭建一个平台呢？

我做了一个大胆的决策——我要自己创业，成立自己的公司。

这个念头闪现时，我感觉血液在翻涌，浑身充满了力量。我迫不及待想要在自己的舞台上大展拳脚，实现梦想。

现在回想起来，我在电视台的工作经历可谓跌宕起伏，虽然抱憾离场，但我并不后悔。

我始终相信那句话：无论你遇见谁，他都是对的人；无论发生什么事，那都是唯一会发生的事；不管事情开始于哪个时刻，都是对的时刻；已经结束的，就已经结束了。

如果事与愿违，请相信一切都是最好的安排。

没有打击，就激发不出人的斗志；没有磨砺，就散发不出耀眼的光芒。

我选择创业这条路，很大程度得益于电视台工作的经历。它让我看清了我的热爱是什么，奋斗的方向在哪里。

如果当下的你正遭遇不顺和坎坷，请不要沮丧，不要迷茫。放平心态，做好该做的事情，生活总会给你答案。在此之前，请保持初心，耐心等待。

你想要的生活，会在你不经意的时候，盛装莅临。

恋爱应理智，让感情成就自己

都说热恋里的女人智商为零，确实如此。

我也曾是一个在恋爱里分不清东南西北的女孩，陷入情感中，满脑子都是爱情的样子，满眼都是对方的身影，根本没有多余的精力去思考其他问题。

最让我难忘的是只见过三次面就确定恋爱关系的一个男孩。

那年我二十岁，他二十八岁。第一次遇见他在武汉，第二次是在北京，第三次是在天津。因为他，我瞒着父母，人生中第一次坐飞机，偷偷飞到北京见他。

当了解到男孩在英国待了很多年，父母有正式的工作，我认定他是我的适婚对象。

男孩见我第一面就说："一看到你，就会想到漂亮的小孩。"这句有点莫名的话，却有着惊人的魔力，它让我脑海中立刻开始幻想将来生孩子时的模样。就这样，我们见了三次面，就确定了恋爱关系。

两个人在不同的城市生活，平时没机会见面，就靠电话聊天保持联系。为了让男友觉得我足够成熟，我努力表现得理性和智慧，迎合他的喜好。我很少思考自己想要的，我想的都是他想要什么。我像只蝴蝶，围着花朵拼命扇动翅膀，用力展示自己的色彩斑斓。

有一次，男友带我逛街，想送我一块手表，我极力拒绝了，因为我不希望自己在他心目中是一个物质的人。我要让他明白，我渴望的是纯粹的爱情，不掺杂其他东西。

为了帮男友省钱，约会看电影时，我买低价票，不曾想买了低价票，还要排队去兑换正价票。换票窗口的队伍很长，耽误了很多时间，而正常售票的窗口没人排队。

男友觉得我弄巧成拙，特别生气，一直怪我省这个钱有什么意义。我不敢辩解，任由他发脾气。

现在想想，当时的我真是太天真。在这段恋情中，我把他当成生活的全部，结果却弄丢了自己。

后来他去了国外，原以为半个月就回国，结果，一个月过去了，他没有给我打过一次电话。我大多数时间就待在宿舍，盯着手机，生怕错过他的电话。

后来，我忍不住用同学的手机拨通他的号码，没想到电话被接通了，我紧张地立刻挂掉，我害怕让男友知道电话是我打过去的。

没有男友的音信，我开始胡思乱想，度日如年。他为什么不给我打电话？后来，我给他发了一条长信息，告诉他我很难受，我要分手。信息发出去后，很快他的电话就打来。我本以为他会安慰我，会想尽办法跟我和好，结果，他开口就是漫不经心的调侃，笑问我，短信的内容是不是从网上抄的。

那一瞬间，我听见了自己心碎的声音。

我哭了，不知道还能说什么。男友只说了一句，别想那么多，我明天给你打电话。我如同飞蛾扑火一般勇敢无畏，满心期待第二天的电话。然而，我终究没有等到他的任何电话。

故事说到这里，很多人恐怕早就看出端倪了，可惜当局者迷，我还是对他留了一丝眷恋和期待。

两个月后，我又给他打了电话，电话里我哭得很伤心，他还是那句话，让我别哭了，他明天打电话给我。我挂了电话，选择了放手。人不能在同一个地方摔倒两次，我也不能任由同一个人反复伤害我。

后来，整整十八个月，我关上心门，独自疗伤。

那时候的我总是哭，吃饭也会哭，为了不让爸妈看到我流下的眼泪，我就低头吃饭。

低落的情绪让我暴瘦，我暗自发誓，要赶紧好起来，将男友从我的心底彻底抹去。这段感情让我明白一个道理，谈恋爱是要用脑子的，否则是谈不长久的。

我们常开玩笑，说一个人是恋爱脑，就容易陷入爱情，丧失理智。其实恋爱脑如果用得好，恋爱就能谈得好。

后来我复盘了这段情感历程，想给所有热恋以及尚未恋爱的女孩提个醒。

第一，日久见人心，要跟对方多相处。

我跟这个前男友是异地，见面机会少，偶尔相聚，喜悦和激情会让彼此只看到对方的好。少了平常的磨合，出问题的概率就很大。尽量多相处，多了解对方，认清他是个什么样的人。

第二，一定要维持住自我的框架。

我刚开始吸引他的状态，是一个年轻漂亮、学艺术、很有光芒、很有想法的女孩的形象，而且我当时觉得全世界喜欢我都是应该的。

当我和他在一起后，当他指责我时，我从不反驳，不去激怒。这种处理方式让他越发轻视我，觉得我没有主见。日子久了，他反而嫌弃我，不尊重我。情侣可以吵架，表达各自的观点，良性的争吵反而是感情的催化剂。所以遇到问题不能一味隐忍，要积极表达自己的想法。

第三，要正确定位。

不是所有感情都会有始有终。

有些情感，注定只能陪伴我们一程。我们爱上一个人，步入一段感情，要学会给这段关系定位，给对方定位。我将这段感情定位成婚姻的前奏，将前男友当成准未婚夫，但忽略了前男友的想法。事实证明，他完全没有计划要跟我长久地走下去。我们仿佛是两条平行线，注定没有交集。

错误的定位带来过高的期望，最后就是自己遍体鳞伤。

回顾我的几段感情经历，有过刻骨铭心，有过痛彻心扉，也有过甜蜜幸福，不论结局如何，我在每段感情中都学会了成长。

有些改变了我的生活方式，有些拓宽了我的见识和视野，有些则教会了我异性相处的很多技巧。

我曾经谈过一个男友，他的情绪控制能力特别强。

换句话说，他可以控制自己的情绪，把情绪变成工具，“表演”出来，展示给别人看，让别人帮他实现他想要的目的。

比如，他会通过暴怒狂躁，我不敢跟他发生争执，因为我害怕他情绪失控，做出过激行为。

他也会很好地控制情绪，隐忍不发，包容我的错误和缺点。但是，他跟我在一起只想找到谈恋爱的感觉，再无其他，这也注定了我们的感情走不了太远。

大千世界，我们会遇见形形色色的人，有人能教会你去爱，有人则更喜欢被爱。

一段感情想走得长久，双方都要用心。

认真了解眼前人，保持自己在感情中的独立清醒，不委屈、不强迫、不纠结。

多用脑子去思考，这段关系能带给你什么：是情绪价值，是共同成长？还是有个肩膀可以任你倚靠？你跟对方是否合拍？你们有没有类似的价值观、婚姻观？你们对未来的规划方向是一致的吗？

恋爱不用脑，结果不会好。

任何一段亲密关系开始前，要慢一点。多观察一段时间，多了解一点。如果他是对的人，晚点开始也无妨；如果他是错的人，不开始就是幸运。

世间任何事情都是来让我们成长的，一段感情也不例外。

当你经历一段感情，该如何珍惜呵护它，让它成为你人生的润滑剂和发动机，这涉及你的胸襟气度和格局。格局大的人，会让感情成就自己，而不是成为感情的奴隶；会让感情滋养自己，而不是消耗自己。

当你的感情出现危机时，你要学会自省，分析这段感情中暴露出的问题，看到自己的不足和缺陷。当你能正确化解感情危机时，你就开启了新的成长模式，像一枚鸡蛋一样，从内向外成长，破壳获得新生。

与其怨天尤人，不如向内反省

人生就像一条正弦曲线，不会一直坦途，总会高低起伏。我们总会在顶峰相见，也会在低谷重逢。身在高处，就当成命运的犒赏；跌落谷底，就当小憩，汲取力量，重新上路。

柳青说过，人生的道路虽然漫长，但紧要处常常只有几步，特别是年轻的时候。没有谁的人生道路是笔直的、没有岔道的。有些岔道，比如事业上的岔道、个人感情上的岔道，你走错一步，可能影响自己的一个时期，也可能影响自己的一生。

我也曾遭遇低谷，一蹶不振，也曾站在岔口，不知该往哪里走。所幸，虽一路跌跌撞撞，却终究是迎着光的方向，走在了上坡路上。

网上有人调侃："一个人靠运气挣的钱，最后都会靠实力还回去。"初闻只当笑谈，后来才知自己的境况就是这句话的真实写照。

大家还记得我说过，大学时我卖红酒，挣钱后就投资了酒吧。我运气很好，投资七八个月就回本了，分红拿了好几年。这种轻轻松松就把钱挣到手的日子，让我整个人都飘飘然了。

那段时间里，我体验了一次财富自由、时间自由的快乐。到处旅游，去喝下午茶，跟朋友逛街、健身。突如其来的成功让我感觉自己很了不起，年纪轻轻的就能挣钱。

盲目自信，加上自我膨胀，我很快就被现实打脸了。

我跟着一个身价过亿的老板，投资了一家稀有金属厂。其实我对稀有金属一窍不通，对工厂的管理运营也完全不懂。但是我觉得大老板能投资，他一定做过功课，所以，跟着他一定错不了。

抱着“背靠大树好乘凉”的心态，我就跟着这个大老板投资了。没想到，稀有金属厂内部管理不善，管理者之间钩心斗角，导致项目亏损，连带着我的投资，都打了水漂。

我欲哭无泪，心中满是后悔和懊恼。那一刻我才意识到，投资有风险，千万要谨慎。

我不做市场调查，不做行业调查，甚至都没有亲自考察过这家稀有金属厂的真实情况，就跟风投资，注定要失败。其实每个人的认知都有局限性，没有人能保证自己永远都能做出正确的决策，盲目崇拜别人，惨败就是必然。

命运给我的好运，几乎被我挥霍一空。靠运气挣的钱，终究凭实力败完了。

人是很容易在同一个地方连续吃两次亏的，因为你在经受第一次巨大的波动时，会产生一种很严重的反扑心理，让你无法理性地看待自己当下应该做什么。

你有时候太想赢、太想翻盘，好像赌桌的人，输了钱之后会押上更多的赌注，想一把赢回本。

而我就亲身经历过这样的事情。

投资稀有金属厂，最主要的原因是有企业大老板做背书，我觉得跟着成功的生意人肯定错不了。投资失败后，我的心态开始不稳了，总会在不经意间想着，要把这笔亏掉的钱挣回来。

后来，一个认识多年的朋友来找我，说一起投资做金融公司。在我眼中，他也是不折不扣的商业精英，有很多耀眼的头衔：公司总裁，企业家。

这样自带光环的人，走到哪里都是焦点。当他找我谈合作时，我想都没有想，就迫不及待地答应了。

如此冲动的原因有两个：一是他的头衔带给我信任感，我默认他的资源和能力一定比我好，跟他一起投资错不了；

二是我有种跟他合作的荣幸感，这么厉害的人能想到和我合作，难道不是我的荣光？

我立刻把钱转给了他，还写了一篇文章总结我过去投资成功的经验。令人欲哭无泪的是，我的文章还没来得及发给他看，第二天他就被抓了。警方逮捕他的理由是非法集资，金额高达数千万元。

我慌了，赶紧报警，希望把我的八十万元投资撤回来，可惜太迟了，他已经把钱转移至国外了。

这次被骗，我不敢告诉父母和朋友，只能打落门牙往肚子里咽。

通过警方的调查我才知道，他就是个十足的骗子，他的身份都是假的。

虚荣心和慕强心理，又一次让我为成长支付了天价学费。

我不得不承认，我容易被一个人的身份、头衔和所谓的光环吸引，丧失最基本的判断力，觉得这些人非常厉害，能跟他们合作，机会难得，不能错过。

后来我看到一段话："头衔是什么，值得进一步深入思考。有些人缺乏智慧，利用自己的头衔造恶业，既伤害别人，也危害自己。有些人被他人的头衔所迷惑，缺乏观察能力和判断能力，导致盲目崇拜，这样追随下去，最后也得不到什么好处。有头衔，并不代表他的智慧、爱和能力超越没有头衔的人。头衔只不过是一个标志、虚名而已，又何必盲目崇拜，附骥攀麟呢？智者喜欢无名之璞，愚者喜欢浮名虚誉。”

这段话深深地刺痛了我，我多么希望能早点看到它，也许结局就完全不同了。

两次投资失利，让我蒙受了巨大的经济损失。

当时，我已经安排好去美国留学，我给自己备足了资金，保障我的留学生活衣食无忧。现在余下的存款，扣除几年的学费和房租后，所剩无几。

这就意味着我的留学生活会非常艰辛，我要在学业之外不断工作，才能保证自己在国外正常生活。

“天作孽，尤可违；自作孽，不可逭”。我亲手把自己送到了人生的谷底。

很长的日子里，我过得很压抑，经常失眠。金钱的损失加上自我否定，让我过不去这道坎儿。我想不明白，我到底遭遇了什么，为什么这两年运势如此之差，我什么时候才能找回状态。

这个念头只是一闪而过，我的理智将我从迷茫的边缘拉了回来。

我走过的弯路、经历的挫折、遭遇的骗局，说到底，都是自己的问题。投资失利，是因为我缺乏专业知识，没有全盘考察就草率出手；被人骗钱，是因为我的虚荣心作祟，被骗子营造的人设表象欺骗，就盲目相信他。

这些背后都反映出我的能力有限和认知不足，跟运气没有半点关系。我可以抱怨两句，吐槽一下，但绝不能任由自己养成这种思维模式。否则，以后碰到事情做得好，就是自己的功劳；事情没做成，就是运气不佳。

只有承认一切都是自己的责任，反省自己，才有意愿和动力去改变自己。

海涅曾说过："反省是一面镜子，它能将我们的错误清清楚楚地照出来，使我们有改正的机会。"

凡事都从自身找原因，直面自己的错误，勇敢认错，积极改正，才是我们该有的人生态度。

不会游泳的人，换再多游泳池也无济于事。与其怨天尤人，不如向内反省，找到自己的原因并改正，才有可能走出困境。

你才是自己最大的依靠

我是一个有目标的人。

我不满足现在的生活状态，也不满足目前的事业水平，我想要在更大的天地里展翅翱翔，飞向巅峰。

起初，我认为女人干得好不如嫁得好，后来看多了婚姻破裂的悲剧，我渐渐意识到，即便嫁人，也不能确保一世无忧，婚姻永存。

靠山山会倒，靠人人会跑。只有自己，才是自己最大的依靠。女人仅靠婚姻，是无法实现幸福人生的。所以，靠婚姻成就自己，对我而言是走不通的。

于是，我想通过发展社交关系，奠定自己的事业基础，当一个事业型的女强人。

我广交朋友，想办法认识有能力的人，我希望自己能成为他们的朋友，这样一来，我就可以获得他们提供的信息和资源，从而助力我的事业。

这个想法没有错，但残酷的现实教会我，没有什么关系可以一劳永逸。

我曾打算做站点的广告业务，这个领域前景很好，能轻松盈利，恰好我跟当时该业务的负责人很熟，本以为拿下这个项目就是板上钉钉的事。结果等到项目启动时，相关的部门已经换了一批人。

原来的负责人调走了，广告业务自然也跟着泡汤了。

所以，不要相信熟人社交，它不是万能的。它就是一把双刃剑，它可以成就你，也能摧毁你。

我做居间生意时，认识了一个企业的负责人。每次跟他谈合作，我总觉得自己低一等。他拥有绝对的话语权，想跟他合作的人非常多。

他就像在市场上买菜一样，可以随心所欲挑选他想要的食材，而我就是众多卖菜的摊贩之一，靠着跟他熟悉一点的优势，希望他能优先选择我售卖的菜。

这是一种被动选择，没有任何谈判的筹码。

所以，当双方地位不对等时，就谈不上真正意义的相互尊重、合作共赢。

仗着自己认识一些人，一起吃过几顿饭，聊过几次，就觉得对方跟自己的关系很好。这样的关系，充其量算个熟人。

世间真正牢不可破的关系只有两种：血缘关系和利益关

系。前者与生俱来，不用争取就能得到；后者则需要彼此提供对等的资源作为交换，相互满足对方的需求。

二十多岁的我，意识到这两种关系都没有时，我有过沮丧和失望。

身边有很多光鲜亮丽的成功人士，跟他们对比，我简直就是个失败者。我不知道该如何实现自己的理想和抱负，活出更好的模样。

有一天，我突然想明白了一件事：我忽略了时间的力量。我还年轻，还有大把时间去成长、去奋斗，去实现我的目标。

春夏在明星纪实真人秀《奇遇人生》里说过：“我们真的太着急了，我们多么想要一个结果，但是我们追求的目的根本就不纯粹，我们根本就没有享受这件事情，记住你才是自己生活的主人。”

乾坤未定，你我皆是黑马。

所以，不要着急，不要慌张，要耐得住性子，好好奋斗，时间会给自己想要的结果。

季羡林在《时间从来不语，却回答了所有问题》一书中写道：“纵浪大化中，不喜亦不惧。应尽便须尽，无复独多虑。”

有些事，需要时间，需要体验。既然这样，不如好好浇灌，耐心等候，静待花开。

你只管努力，剩下的都交给时间。

有人会说，你能这么豁达，是因为你已经拿了一手好牌，怎么出牌都会赢。可现实中还有很多人，他们的原生家庭比你差，起点比你低，成长的环境也更加恶劣，不论他们如何选择，都逃不掉时间的安排。

对此，我不想反驳，也无意辩解。

因为我没有经历过他人的苦难，也不能凭空指责他们的不作为。我只能从自身出发，哪怕我遇到再大的困境，也愿意全力一搏，努力破局。

有时候我会设想：如果我生在偏远山区，我会如何改变自己的命运呢？

如果我从未见过外面的世界，我就不会对它有向往，大概率我会安于现状，一辈子生活在山村里，日出而作、日落而息。跟祖祖辈辈一样，周而复始，重复着简单的生活。

如果我曾经见识到更大的世界，我知道山村之外有着更璀璨的生活，我就会思考：为什么我不能过那种生活？为什么我要憋屈在这里？我要换个活法。那么，我要去看外面的世界，我要改变我的命运。

如果我能读书，我就靠读书走出去；如果没有读书的机会，我也会走出山村，走进城市。我可以从最辛苦的工作干起，我会一步一步地慢慢来。

这种设想，总能带给我力量。它让我相信，每种活法都是自己的选择，而幸运的是，我们总有机会选择。

在尘埃落定前，我们都可以努力成为黑马。

为此，你需要一个信念，一个不服输的信念，另外，别着急要结果，它需要时间。

如果你感到特别难，你可以告诉自己：你正走在人生的上坡路上，这时别泄气、别焦急，静下心慢慢走，你可以慢，但不要停。

每个人的一生，都有各种各样的困难。

时间很公平，从不会“独宠”某一人，低谷期就好好沉淀，等待时代的风口，然后逆风翻盘。

记得，所有煎熬的时光都是黎明前的暗夜，你很快就能看到胜利的曙光。

适度包装，放大你的价值

有一次，我和同学在上海一家西班牙餐厅吃饭。那家餐厅的装修并不奢华，有点机械工业风格。我点了一份海鲜饭，分量非常少。买单的时候，这份饭的价格惊呆了我，竟然要一百九十八元！

那一瞬间，我很费解，为什么这样一份普通的海鲜饭，在一家普通的小餐馆，可以卖这么贵？这份饭的成本，在我看来不过十来元而已，它凭什么卖高价？

这也是我决定到上海发展的导火索，因为通过这次经历，我知道了一个概念：包装影响价格。

商品的价格，不再单纯由它本身的成本来决定。这就像高档西餐厅的一份牛排，为什么可以卖到几百元，价格远超牛排本身？因为它的包装。

当牛排端到你面前时，你买单的不仅仅是牛排，它还包括餐厅的浪漫氛围、厨师的精湛厨艺、牛排的精美摆盘和服务生的体贴服务，这一切都是牛排的“软包装”。你享用的不仅是一份美味的牛排，还有这个餐厅给予你的种种体验。

这就是包装带来的价值。

将水倒在一次性纸杯里，你只是为了解渴；将水倒在水晶杯里，你既能解渴，又能享受喝水的过程。同样都是水，因为包装的方式不同，带来的价值也不同。

说白了，人跟水一样，组成的材料都是一样的，但“包装”之后，每个人的价值就不同了。

一份海鲜饭，你去大排档吃只需二十元，到西餐厅吃，就要花费二百元。它所在的场合和包装，决定了它的价格。

人也要懂得包装自己，因为包装会提升你的价值。

大家都听过这句话：人靠衣装。不论什么人，也无论从事什么工作，学会适度包装，可以事半功倍。

我曾在一条视频中讲过一个真实的故事。

年收入百万元的时候，我在上海租了个房子，每月租金要一万元。后来我挣到了更多的钱，我依然住在这里，有朋友就对我说，你目前住的地方会让别人觉得你的能力和实力都是假的，因为他们会观察你的生活状态，判断你的价值。如果有经济实力，建议你最好换个更好的地方居住。

这番话颠覆了我的认知。我觉得房子就是用来住的，住得舒服就足够了。房子的好坏跟我的能力有什么关系吗？毕竟我还没有实现财富自由，何必浪费在房租上？

加上小时候受过穷，日子过得紧巴巴，我对钱“又爱又怕”，总担心有朝一日挣来的钱会花完了，日子又会回到过去。所以，我不敢大手大脚乱花钱，这种消费观其实也不错，毕竟勤俭节约是美德。

事实证明，我的想法太单纯了。

当时，我刚到上海发展，要在这里从头开始，人们对我不熟悉，就会通过我的外在条件来观察我、了解我、评估我。

大到住什么样的房子，住在哪里，小到佩戴什么样的首饰，穿什么款式的衣服，还有言谈举止，都是外人了解我们、辨别我们的渠道。

外表，也是一个人的一部分。别人了解我们，一般会先从外表入手。因为短时间内，我们很难看到一个人的内在如何。所以，外在包装决定了我们给别人的第一印象。

当我走进一个新场合，要展示自己的才华和实力时，我需要通过合适的包装把这些东西体现出来，而不是红口白牙，吹嘘自己有多厉害。

还记得买椟还珠的故事吗？抛开故事的传统教育意义，从现代人的角度看，这个故事不正是从一个侧面说明了包装的重要性吗？包装珍珠的盒子，比珍珠还要好看，所以买家宁可退回珍珠，也要留下盒子。

莫笑人家傻，在买盒子的人看来，盒子可能真比珍珠珍贵。

举这个例子只是想告诉大家，在现实生活中，外在包装真的很重要。

当然，我们进行外在包装并不是为了欺骗他人，而是制造机会，让别人进一步了解我们真正的价值。

尤其在刚开始，我们没有多大资本的时候，利用合适的外在包装可以吸引他人的注意力，引起对方的重视，为彼此后续的深入了解做好铺垫。当别人给我们的展示机会多了，我们就能利用机会把自己的事业做大，实现个人成就。

学会包装，能放大你的价值。

如何包装？在我看来，方式有很多，可以是物质包装，也可以是精神包装。

社会心理学家研究发现，多数人更愿意靠近衣着整洁、仪表大方的人。比如你要面试一份工作，物质包装需要你穿上得体的商务装，与之搭配鞋子和包，还要画上跟服装相配的淡妆，整理好发型。如果有必要，搭配一件精致的首饰也可以。

精神包装则意味着，你要准备好面试的材料，对方可能提问的内容，你将如何应答，试着组织好自我介绍的语言，学会提炼自己的亮点和优势，用不凡的谈吐、得体的面部表情和神态，打动面试官，获得工作机会。

做好这两种包装，你面试成功的概率将远高于那些没有任何包装的候选人。

再者，包装还意味着修正自我。

比如，藏起自己的无助和脆弱，把坚强刚毅的一面展示出来；藏起自己的无知，把礼仪修养展示出来。打造一个值得信任、值得交往的形象，使他人对你产生交往的欲望。

第一眼就让人厌恶的人，是不会有人继续主动跟你交往的。

由内而外好好包装自己，你的形象更佳，你的吸引力也会与日俱增。

切记：不要想着等到成功了再去包装自己，而是要先包装自己，你才有可能取得成功。

第三章

提升认知才是最好的成长

你就是光

真正治愈自卑的，是能力和实力

在日常生活中，一个人在某方面——例如财产、知识、相貌等——处于弱势状态时，常常会产生自卑心理。

曾几何时，我因为原生家庭没有给予我足够多的物质支撑而感到自卑。我以为只要我有足够多的钱，就能战胜自卑。

后来，我知道我的想法错了，钱并不能让我摆脱自卑，真正治愈自卑的不是金钱，而是能力和实力。

在我从自卑到自信转变的过程中，我的确走了一段弯路。

小时候的我认为，能够出国的人都很富有，于是，我把出国留学当成摆脱自卑的方式。

当我渐渐长大，凭借着自身努力逐渐富有的时候，让我的自卑渐渐减弱，取而代之的是逐渐增强的自信。

当我在工作中接触到越来越多的人，发现那些被人们定义为“成功人士”的人都有一段留学背景，他们的能力都在我之上，我的自卑感再次降临。

我发现，出国留学带给他们的不只是一段经历，更是一种能力，人们更愿意与之交往和合作。

就这样，我的留学梦从“摆脱自卑的方式”变为“积攒能力”。

这时，我对出国留学的认知还停留在畅想的阶段，直到我辛辛苦苦挣的钱被别人骗走几十万元，还亏损了上百万元。

痛哭之余，我责怪自己轻信别人，更埋怨自己没有打理财富的能力。我知道我缺少的不是财富，而是认知的提升。

一个人最可悲的事，就是期望和实力不匹配，这句话说的应该就是出国留学前的我。

我也渐渐意识到，真正给人自信的不是浮于表面的财富，而是深藏于心的能力，是头脑的认知。

那个时候，我迫切地打算定居上海，一个朋友告诉我，只要在国外获得硕士文凭，再结合原来武汉大学的本科文凭，就可以“以留学生身份落户”，这是我最快落户上海的途径。

人们都说，对于未来最好的投资，就是对自己认知的投资。我坚信，留学才是提升我能力和认知的最好方式。于是，我开启了留学之路。然而，理想很丰满，现实很残酷。

我看着卡里勉强够交学费和房租的积蓄，我不知道出国之后的日子到底该怎么过：我能否在国外生存下去？会不会有一天落荒而逃？我如何面对语言不通、孤独的时刻？出国留学到底是否正确，到底值不值？

这一连串的问题让我的思绪在兴奋、忐忑和害怕中游离，在一遍遍的纠结中折磨自己。

从小到大，我的确做过很多决定，比如去学习跳舞、去哪所大学读书、和什么样的人交朋友。这些或多或少影响了我的发展走向，它们就像一块块堆砌我人生的方砖，少了哪一块，都成就不了现在的我。

现在，回过头看，人生重要的节点就那么几个，而每一个决定都关乎一个人的命运。

对我而言，决定我命运的关键点便是出国留学。

虽然我有所惧怕，但从小到大有一股闯劲的我告诉自己：既然有机会，为什么不去试试？不想去看看外面的世界吗？

人都希望生命之路平坦顺遂，但只有勇敢踏上险峰的人，才能看到别人轻易看不到的旖旎风景。

就这样，我带着一身孤勇，踏上留学之路。

我无惧自己的年龄，无惧曾经的失败，也无惧他人对我的看法，我抛弃了曾经不敢抛弃的所有东西，踏出了这艰难的一步。

在美国生活，有痛苦、有快乐、有心酸、有成长、有孤独，亦有收获。

如果你现在问我，去美国值得吗？我会非常自豪地回答你：一切都值得。

亦舒说过：“真正有气质的淑女，从不炫耀她所拥有的一切。”

如今看来，我出国留学的选择和决定是正确的，而我的自信心的建立也是在留学以后。

当我真正获得了成长，我才明白父母告诉我的：不要和人攀比，只要跟自己比就可以了。

原来，摆脱自卑的唯一方式就是提升自己，而不是和别人比。

如果当初我没有做出出国留学的决定，如今还在和自卑交战。

除了摆脱自卑，在关键时刻，如何学会选择，如何面对自己做出的选择，是出国留学带给我的启示。我很感谢这段经历。

人生就是无数选择和决定叠加的结果。

很多时候，我们在面临多个选择时犹豫不决，不知道自己应该做出哪个选择；即便做出了某个选择，也不清楚未来的路到底有多艰辛，到底应该怎么走。面对很多选择和决定，尤其是自己未曾涉猎的领域，每个人的内心都藏着恐惧。我们害怕孤独，害怕别人的议论，害怕冒险与失败。

我也曾幻想，生活都是如意的，一切都是妥帖的。但现实是，永远不会彻底准备好，事情也不会完全尽如人意。

经历后我才明白，打破既有的生活模式，走出熟悉的生活，对每个人来说都是一种挑战。

出国留学，对我人生的影响是巨大的，它让我面对未知事物敢于挑战，才成就了事业上的不断上升。

勇气让我排除万难，勇敢前行。勇敢走出舒适区，才能拥抱更好的自己。

全心投入，实现自我突破

曾有人说过，成长就是你主观世界遇到客观世界之间的那条沟，你掉进去了，叫挫折；爬出来了，叫成长。

如今，我对这句话深有体会。

在遇到超出我们接受能力的事物时，整个人会有被现实击倒的感觉，从而产生自我厌恶，于是迫切想要将讨厌的东西抛弃，这其实是不成熟的表现。当我们选择接受讨厌的东西，并选择战胜它，这就叫成长。

虽然我迈出了出国留学的第一步，但初入一个陌生的环境，我曾经很迷茫。

排除生活上的困境，当时课业的难度超过了我的想象。

记得有一门课非常难学，有很多公式，还要算账。每次上课，我都很认真，我会把老师的解题过程一字不漏地抄下来。

以前，我认为只要我肯努力，就没有办不成的事。可这次，我努力了，对于老师的讲解我还是一知半解，还是不懂书上的结论是怎么得出来的。

我对这门课实在是学得吃力，并开始质疑当初自己出国留学的决定，甚至有点自嘲："算不上学霸的我怎么敢有勇气做出留学的决定？"

一连串的自我怀疑和否定，让我觉得自己肯定学不好，进而陷入消极情绪，甚至崩溃状态。

后来，我明白这在心理学中叫"习得性无助"。意思是说，当一个人将不可控制的消极事件或失败结果归因于自身能力的时候，就会自我贬低，从而进入一种无助、抑郁的状态。

相对应，心理学还有一个概念叫"终身成长"，意思是说一个人面对困境，知道自己是可以突破的，下定决心，不断提升自己的能力，最终做成这件事。

找到自己的心理症结所在，我决定不被困难迷惑，而是下定决心试试。

"我几乎拿出了我的全部家当到美国读书，如果不想让这些钱打水漂，我就必须学出点成绩。我必须倒逼自己克服这个恐惧，去成就自我，没有任何退路。"我对自己说。

既然没有退路，那就全情投入，看看自己到底能不能实现自我突破。

此后，在学习的时候，我会给自己积极的暗示："小时候，我是一个数学很好的人，所以我是能看懂这些公式的，我也是有思维能力和解题能力的，只不过是因为太久了，现在脑子有点‘生锈’而已。只要我好好地激发一下自己，就一定能理解，一定能明白！”

于是，我静下心来，向老师和同学求教。从一道题一道题开始，一个步骤一个步骤地去询问。我重新理解，每一步到底是怎么推导的、怎么计算的。

当我弄明白了一道题，那种幸福感油然而生。

从“我不行”到“我可以”，我看到自己的潜能是可以突破的，这种巨大的幸福感是金钱不能给予的。

那段时间，我几乎整天泡在图书馆，也暂时放弃了社交，回到家里，就拿出书本学习，几乎到了废寝忘食的地步。

考试前一天晚上，我把所有笔记里解题步骤都重新捋了一遍，把解题过程全部重算了一遍。那天，我学到很晚，第二天考试，我很早就起来了，又把所有的笔记看了一遍。

功夫不负有心人，结果那场考试，我只答错了一道题！

虽然今天回过头看，这是一件小事，当时却给了我无穷的力量和自信。

它让我知道，当我真的摒除杂念、专心学习时，会非常强烈地感受到自己的进步。这种进步感会给我带来巨大的正向反馈，从而产生一种更加强烈的征服感，“我一定要把所有的解读步骤都研究明白，我一定要把所有的题都解出来”。

它也让我慢慢对学习有了掌控感，使我不再恐惧接触新知识。原来我还有能力学习，原来我还可以进步，原来我还可以从头开始，原来我还是有能力面对这些困难的。

经过这件事，明显的进步感让我有了巨大的自信，也激发了我强大的学习动力。在学习时，哪怕遇到再大的困难，我也能够积极面对和克服。接下来的每一分钟我都在学习，都在尽力地把每一件事情做到最完美的地步。

最后，我在毕业论文演讲时，获得了老师和同学的认可，我觉得自己整个人都在发光。

“积极心理学之父”马丁·塞利格曼博士的研究表明，投入是获得幸福的关键因素之一。

投入就是全身心沉浸在一项活动中，乐此不疲、兴致勃勃、忘时忘我。

全情投入就是给自己强大的、积极的心理暗示，做事积极主动。

全情投入就是以自己能够做成某件事为终点，倒推自己需要做哪些事情，才能达成目标。

全情投入就是不计较付出与收获的比例，想尽办法，拼尽全力，不给自己留后路。

全情投入之后，带来的积极自我反馈，让自己产生自我肯定和欣赏。

人在全情投入的状态中，更容易把自己的才能和优势发挥到极致，也更容易收获幸福。

说到底，人生是一场自我突破的旅程。人生的路途总要自己一个人去走，成长的关卡总要自己一个人去闯。

在该拼搏的年纪里一定要全力以赴，耐得住寂寞，禁得住诱惑，全情投入，才能给自己带来前所未有的幸福，更有成就感，才能遇见一个更强大的自己。

越是身处低谷，越要保持正能量

看到一句话：你相信什么，就会吸引来什么。

如果你整天愁眉苦脸，散发出来的都是负能量，那么生活很可能会越过越糟；如果你遇事积极乐观，即便身处低谷，也能够坦然面对困境，过好每一天，好的人、事、物自然就会被吸引过来。

因此，想要改变命运，首先得改变自己的信念，然后改变自己的生活方式。

在我看来，一个人越是身处低谷，越要活得积极，只有这样才能够得到他人的帮助，顺利走出低谷。这段感悟来源于我的亲身经历，事情还要从我三十岁生日说起。

在中国人传统的观念里，三十岁，你要成家立业，要事业有成。可对我来说，这些都与我的三十岁无关。那时的我，一个人在国外，并且完全处于人生低谷。

以前，我幻想自己三十岁生日会像电视剧里演的那样：

在一块宽大的草坪上，或者在一个带有游泳馆的别墅里，邀请诸多好友，大家盛装打扮，通宵狂欢。

我认为三十岁生日的仪式感，是对过往年岁的纪念，也是开启未来新生活的希望。

但在这关键的一年，因为资金短缺，我只能一个人在国外，和我的同学们吃了一顿火锅。

说来多少有些遗憾，但我依然感激三十岁那段身处低谷却努力想办法让自己活得体面的时光。

因为资金短缺，我省吃俭用，在不透支消费的前提下，我会把有限的资金投入值得投的地方，尽量让自己穿得好、住得好。

因为我相信，如果你表现得很落魄、很低迷，别人可能会同情你、怜悯你，但是一定不会因为同情和怜悯而与你为伍。

只有你一直表现得很正能量、很上进，别人才会感受到你的价值，进而被你吸引，与你合作。

事实证明，我的想法和做法是正确的。

在住的方面，当时，很多同学都因为曼哈顿房子的租金很贵，选择去偏远地区租房子。为了节省往返时间，我选择了一间离学校很近、装修相对好一点的公寓。

这样，我可以把更多时间用在应该做的事情上，而不是花费在交通往返上；同时，我可以让自己住得舒服些，这样才有心情去经营生活。

如果我住得离学校又远，环境又差，我相信没有人愿意来我家做客，我也就失去了结交好友的机会。

在穿着方面，我每天都会早起一个小时化妆，穿着精心挑选的衣服去上课。因为我相信，有的人会以貌取人，年轻时候我也很鄙视这种行为，但现在我懂得穿衣打扮的重要性。

所谓“人靠衣裳马靠鞍”是有一定道理的。好衣服，确实可以让人看起来优雅，让人们更愿意与你交往。

人们会因为我穿得体面和我结交，而绝对不会和一个穿着打扮邋遢的人主动接触。

后来，我看《欢乐颂》时，也真正理解了剧中的主角虽然住在出租屋里，但还是会买好一点的衣服，每次出门也都打扮得大方得体。

因此，我也很庆幸自己曾经在努力挣钱的时候买了一些好衣服，它们在我出国留学时派上了用场。

直到今天，我也会建议身边的人，如果有点能力，千万不要买很多便宜的衣服，而是要让衣橱里有几件稍微得体的衣服。这些衣服会变成你的战袍、你的铠甲。

因为穿着体面，既是对他人的尊重，也是对自己的不放弃。

在学习方面，我上课的态度是班里最积极的，成绩也一直是我们班第一名。

在状态方面，我在朋友圈里几乎没有发泄过任何负面情绪，一直保持输出正能量。

居所、衣着和容光焕发的外表，给了我结交好朋友的机会。

在我现金流快断了的时候，身边所有的同学都没觉得我很落魄，他们觉得我是一个积极、阳光、开朗的人，和我交往得也非常愉快。

正因为这样，通过朋友的引荐，我在美国做起了珠宝生意，这让我一点点摆脱“贫穷”的境地，走出人生的低谷。

我相信，如果这些合作伙伴知道当时的我十分落魄，未必愿意和我做生意。正是我的正能量感染了他们，他们才觉得我有实力和能力，才会和我来往，支持我、投资我。

即便到今天，我也会经历创业的低谷和人生的灰暗，但我依然会保持积极的生活态度。这在暗示自己：“别灰心，你可以。”

朗达·拜恩在《力量》一书中写道：“每个人身边都有一个磁场环绕，无论你在何处，磁场都会跟着你，而你的磁场也吸引着磁场相同的人。”

我们身边的磁场会不断向外传递我们的喜好，也会吸引到更多与我们同频的人。

每个人都想去靠近那些看起来高能量、高价值的人，而不是与一个整天喋喋不休、抱怨生活、情绪低落的人交往。

如果你消极、低沉，你吸引到的大概率也会是消极的人；如果你积极、上进，周围人就感受到你的正能量，也会愿意和你交往、和你共事。

你有什么样的磁场，就会过什么样的人生。

当你成为正能量的人，正能量的人会带你领略人生的美好，激发生活的热情，久而久之，自己的世界也会变得阳光明媚。

人活一世，要活得有美感。

一个人的生活不可能一直顺风顺水，总会有低谷的时候。可人越是在低谷，越要保持正能量。

亲爱的朋友，即便你身处低谷，也要有一种底气和力量。这种底气和力量可能是外在东西带给你的，也可能是内在实力带给你的。总之，不能一蹶不振，要散发出一种能量和磁场，吸引好的东西，才能有出路，从而走出低谷。

摆正心态，主动克难

我在美国留学时，有一件事情让我觉得很震撼。

当时，我在纽约游学，教练带我们去山上做拓展训练。

那是一座荒山，上面全是枫树。游学的中途，我的手机丢了。

山上根本没有信号，那座山还被一大片的枫树林盖住，再加上枫叶随时还会凋落，手机很可能被淹没在树叶堆里，我知道找到它的难度非常大！

起初，全班同学都在山上帮我找手机，但是找了好几个小时一无所获。

后来，那位教练又发动几个班的人来帮我找手机，他还把这个行为包装成任务和游戏：谁能找到手机，谁的积分就翻倍。

尽管如此，我们找了整整两天，还是没找到。

游学结束，我要离开时，教练却跟我说："我一定会帮你把手机找到的。”当时，我觉得教练就是为了安慰我而随口一说，我也没当真。我买了新手机，甚至把这件事忘在脑后。

没想到几天之后，教练跟我联系，说他找到了我的手机，而且他是一个人去找的！

那一刻，除了感激，我对教练充满了敬佩之情。

他没有任何特殊技能，也不再年轻，但就是靠着对我的承诺和坚定的信念，用最朴素的方法，一寸土地一寸土地地搜寻，最后花了几天时间找到了我的手机。

这是一件小事，但当时的我备受震撼。

这是我纽约之行里很重要的一课，那时候我才理解“一个人相信什么，才能做成什么”的真实含义。

包括我在内的很多人都觉得找不到我的手机了，信心的消失让我们不会付出所有的努力和行动，自然也就实现不了目标。而那位教练相信自己可以找到我的手机，然后一点一点去做，最终竟然找到了。

生活中，我们遇到困境或者障碍，很多时候都觉得自己一定做不成，先是在情绪上畏惧，随之在行动上打退堂鼓，最终一无所获。

那些信念坚定的人，心态好，事情就成功了一半。

这件事让我在财务上捉襟见肘时，能够调整好心态，聚焦解决问题，最终顺利度过财务危机。

出国留学前的我，因为被骗，加上投资亏损，手上的钱加起来只剩下一百多万元。其中一个月，我要还掉一百四十万元的银行贷款，还要交之前在迪拜买房子的二十万元房款，还有十万元的保险费。支出远远超出我的承受能力。

那段时间，我无时无刻不在想着这件事情，甚至在睡着的时候，眼睛都会突然睁开："如果我还不上银行的钱，我的个人征信会受到影响，我该怎么办？""如果我没按时支付房款，迪拜的房子会不会就被银行没收了？""如果我拖延了保费，保险公司会不会就给我断保了？"

所有问题一下子涌入脑海，我的内心充满恐慌。所有事情聚集在一起，我的压力无比巨大。

我也曾陷入情绪泥淖，一个人流泪，问自己："一个女孩子为什么要选择出国？老老实实待在父母身边不好吗？"甚至想过回国。

越是这样，我越觉得心酸、委屈，甚至一度迷失在这种负面情绪里，不知所措。

后来，我想到教练帮我找手机这件事：一个陌生人尚且能够勇敢面对困难，无条件帮助我，何况财务危机是我自己的事，我有什么理由顾影自怜、退缩畏惧呢？

人的一生会遇到许多的事情，有如意的，也有糟心的，我们能做的就是调整好心态去面对。

当我调整好情绪时，我开始了理性思考。

有句话说得好：焦虑的反义词，是具体。当你不敢去面对困难的时候，不把困难具体化、细分化，你就会把困难想得很大很难，你就会越发焦虑。

但是，当你一点点地去拆解它，把它变成具体的步骤的时候，你就会发现，困难远比想象中的小，解决方案远比想象中的多，你不光能解决困难，还会在这个过程当中找到乐趣。

我当时就选择了逐步拆解和具体化我所要面对的困难。

其实，房地产公司也好，保险公司也罢，它们的首要需求一定不会是没收我的东西，而是希望我能够把款项付完。

既然这样，我为什么不尝试着跟它们协商付款的时间，让它们宽限我的付款时限呢？

于是，我找这些公司谈，结果真的谈成了，迪拜的房款和保险的保费截止日期都往后延长了些时日。

也就是说，当下我只需要先解决银行的贷款问题，而我手上全部的现金差不多是能够还银行贷款的。接下来，我只需要去想剩下的几十万元要怎么处理。

果然，人一旦摆脱情绪的桎梏，就可以好好思考问题，寻求解决问题的办法。当时，我正在做珠宝生意，挣了一些钱，也就能慢慢地填上这个窟窿。

还有一个要结婚的朋友得知我的现状，让我帮她买钻戒，并且先把钱打给了我。这真的是一场及时雨，有了这个朋友的帮助，我的财务危机一下子就缓解了很多。

最后，我爸妈也看出我压力大，决定把武汉的房子卖掉，换取一部分资金，帮我渡过难关。虽然我对父母怀有愧疚，但在现实经济压力的逼迫下，我不得不接受父母的帮助。

就这样，巨大的财务问题慢慢地被我化整为零，逐步拆解，最后把问题解决了。

本质上来讲，这件事情对我来说不仅是财务上的巨大挑战，还是情绪上的巨大折磨。

当我不肯、不敢去面对困难的时候，我就会把困难想得很大、很难，且随着时间的推移，这些困难真的会变得如想象中那么大、那么难了。相反，当我越是走近困难的时候，我发现，困难就会变得越小。

看过一个有意思的实验。

有人对保险公司的销售人员进行长达五年的研究后发现：心态积极的销售人员卖出的保险单比心态消极的销售人员卖出的保险单多百分之八十八。

其实，这些销售人员的能力相差无几，只是心态不一样，导致销售业绩不一样。

心态不好的人，遇事退缩，只会哀叹抱怨，对于解决问题无济于事；而保持乐观心态的人，做事积极，主动克难，往往更能达成目标。

的确，当面临困难和挑战时，我们会感到焦虑、恐惧、压力和失望。如果我们不能处理好这些情绪，就很可能会做出错误的决策，甚至可能会放弃。

当我们从负面情绪的泥淖中挣脱出来，可以静下心来思考问题，有什么解决方法。

再大的困难，只要我们一点一点地去拆解它，一步步地去找解决问题方案，问题终将会被克服、被解决。

有个术语叫“情绪成本”，意思是说你每陷入情绪一分钟，就会损失一分钟的时间去解决它。

情绪不稳定的人会一味沉溺于糟糕的心境，焦虑抱怨，裹足不前，工作效率会大打折扣。而情绪稳定的人，面对问题不犹豫、不拖延，逢山开路、遇水架桥，工作自然就顺了。

想到一句话：当我们能够聚焦于问题的解决，客观地看待问题，找出解决问题的办法，人生的路就会越走越宽。面对困难和挑战时，比解决问题更重要的是先处理好自己的情绪。

当我们保持正面的态度和情绪，才能更好地聚焦于解决问题。

当我们在生活中需要处理问题的时候，先要静一静，再好好想一想，有把握的时候再着手去做。

稳定的心态是一个人生活中最厉害的武器，只有保持心态的平稳，我们才能在忙碌的生活中做出合理的取舍与规划。

人只有保持沉着平稳的状态，以静制动，才能在风险不断的生活浪潮中站稳脚跟。

能够把自己的心态稳定下来的人，往往才是生活的强者。

当你真心想要去做成一件事情的时候，周围的人都会联合起来帮助你！

持之以恒的努力值得被尊敬

曾几何时，朋友圈里卖东西成为一种常态。

有人因为被拽入微商群而反感，也有人对别人在朋友圈里打广告而厌恶，也有人碍于面子而不愿意在朋友圈卖东西。

但还是有人不顾这些，把自己的朋友圈和微商群经营得风生水起。

很多人可能会不好意思挣朋友的钱，但我就没有这样的心理障碍，因为我一直觉得，朋友和客户凭啥不能混为一谈？为什么你的朋友不能成为你的客户？为什么你的客户就不能成为你的朋友？一个人如果是你的朋友，说明他认可你，既然他认可你了，那他的消费行为为什么不能在你这里发生？

因此，在美国留学时，我在朋友圈里卖起了手表和珠宝，我还发了一条给自己打广告的朋友圈：“如果你们需要买手表，可以先找我，我可以帮你们拿到专卖店的折扣价。如果你们去了 Diamonds District（美国著名的宝石街）买钻石或者宝石，可以把喜欢的珠宝货牌发给我，那条街每家店的每件珠宝，我都可以给你们拿到折扣价。”

朋友圈发出不久后，一个美国的房屋女中介看到了我的朋友圈。当时她要结婚了，老公要给她买一颗蓝宝石，她就找到了我。我给她找到了合适的宝石，她非常感激我。

后来，同学们也经常把货牌发给我，我总能帮他们找到心仪的商品，他们也都很感激我。

何谓有心？其实就是有情，善于投资人情生意。

我和朋友做生意不是强买强卖，而是他们需要，我又恰好能提供，而且提供得比别人更好，凭啥不能卖？

我为对方提供价值和利益，找到合适的、价格合理的商品，而他们为我实现了业绩和销售额。这是两全其美、合作共赢的事情，何乐而不为？

我认为，那些敢于在朋友圈卖东西的人、敢于挣朋友钱的人，才是真的有本事。

回想起来，我的第一个手表客户也是我的朋友。

他第一天上学的时候，就戴了一块名贵手表，看到那块表后，我就很自然地说了句：“你那块表很好看。”

就是这样一个简单的对话让我们成为朋友，也让这个朋友觉得我或多或少是了解手表的。后来我开始卖手表，他也直接从我这购买。出于情谊，也是出于对我的信赖。

他第一次先买了一块价位不太高的手表，结果发现还挺靠谱，就连续找我买了四块表，并且一次比一次贵。朋友还因此感谢我帮他选到合适的手表。我们也从单纯的朋友关系，变成服务者和消费者的关系。

我现在越来越觉得，那些敢于挣朋友钱的人，往往都有以下特征，让他们脱颖而出。

首先，他们敢于构建自己的社交网络，因为他们知道，社交网络很重要。

在互联网技术迅猛发展的今天，人与人之间的联系紧密程度超过了以往任何一个时代。谁拥有丰富有效的人际关系网络，谁就掌握了社交商业的路径。从这个层面上讲，构建自己的社交网络，就是为自己的生意积攒客户。

挣朋友的钱不可耻，而是一种资源和价值的利用，也是社交方式的体现。不管是熟人还是陌生人，只要你能给对方提供价值，就能产生社交商业。

现在，我的闺密买我的课程，我没有免费送给她们，而是按照实际价格出售给她们，而复购我东西最多的也是我的闺密。

我觉得可以把客户当朋友，也可以把朋友当客户，资源就是这么积攒的。所以不要怕，好朋友也是好客户，好朋友也是好资源。

其次，挣朋友钱的人明白，让自己变得更有“价值”。

我认为，一个人的财富基本盘由两部分组成，一个是你和他人连接的能力，另一个就是你自己的能力。

建立资源的关键不是你认识多少人，或者你的通信录里有多少人，重要的是自己具有高价值。你能为别人创造多大价值，你就有多大价值。

在售卖过程中，除了给客户原本想要的那颗宝石的折扣价，我通常还会推荐给他我认为性价比更高的宝石。给客户两个选项，让客户自己做判断，最后，客户往往都会选择我推荐的那个款式。随后，越来越多的朋友找我购买珠宝，我把身边所有的资源都连接了起来，找我复购的人也越来越多。

在交易过程中，我可以帮助客户找到合适的东西，拿到折扣，这就是我的价值，是我做生意的动力。

我不只是在卖珠宝，而是能够把客户当成朋友，切实从他们的角度为他们提供满意的商品或者服务。当我的人格魅力、专业能力得到提高，别人自然就会来找我，我的生意也就越做越大了。

再次，挣朋友钱的人懂得，守好信任，资源网才能牢不可破。

说到底，做生意做的就是信用。挣朋友的钱更是在出售自己的信用。

在奢侈品的买卖中，我发现，价格往往不是朋友最重视的，贵一点还是便宜一点，他们都能接受。他们最重视的就是东西的品质。

他们往往会担心，这个交易人到底靠不靠谱。

我作为他们的朋友，他们已经知道我的品性，也知道我的为人，从我这里购买商品，他们就可以少了很多担心和顾虑，从而更加高效地完成这场交易。也就是说，把朋友当客户，也就意味着我帮他节省了信任成本。

人与人之间，情只能维持一阵子，真正的信任和品质却可以维持一辈子。所以，一定要守好自己的信任，因为一旦崩塌，就没有可能重建了。

守好自己的信任，为客户提供高价值的商品或服务，才能长久地把生意做下去。

因此，千万别小看在朋友圈推销商品的人。

那些在朋友圈凭自己本事挣钱的人，比起一事无成而只会怨天尤人的人，要强太多。

他们用智慧、毅力、勇气和一种不服输的精神努力生活，把对生活的热爱传递下去。

他们不断提升自己的能力，精心构建自己的关系，守好自己的信任，凭能力让自己过上更好的生活。

成功没有捷径，销售的起点往往很不起眼，每一份持之以恒的努力都值得尊敬。

自己获利前，先让他人获利

曾经有人问我：怎样才能快速盈利？对此，我必须诚实地回答："顶级的销售者都是极致的利他者。自己盈利，不是商业的起点。一切商业的起点，都是让别人获利。"

你为别人付出，你就会得到应有的回报，这是所有商业交易的逻辑，而盈利在中间只是作为一个结果呈现。

东方甄选的老师火了，在很多人看来是偶然，但我觉得这是必然。

他的出发点是把东西卖出去，但他并没有单纯地以盈利为目的，出口成章也好，口吐莲花也罢，他的那些话语着实调动了一部分消费者的某种情结，从而触发他们购买行为的发生。

其实，他抓住了一部分人的心理需求，并用自己的方式帮助商家实现了销售额。

我在当年也有和他一样的销售理念：要去帮助人，而不是纯粹为了盈利。除了盈利，获得情感上的认同和陌生人的尊重，才是盈利的基础。

利润是做事情的工具，不是生活的目的。想着如何让别人获利，自己才能获利。

我最开始做珠宝生意，是给一个做珠宝经销商的当地朋友做分销。正常来说，这个朋友是不会找人帮忙分销的，因为他不太可能去构思中间商赚差价的模式，而是一直倾向打工模式：一个人如果要卖珠宝，大概率就会去一个珠宝店上班。

但我不这么想，我不认为想要卖东西就必须进入某个平台、某个机构或者成为从业者。在我看来，任何一门生意都是跟销售挂钩的，它需要的只是我的销售能力。只要我有销售能力，我完全不需要去打工或者成为从业者，我只要把商家的商品卖出去就可以了。

这也是为什么我从上大学开始，没有想过去打工，因为那时我就明白了一个道理：只要你能帮一个人把他的东西卖出去，你就永远不愁饭吃。

作为经营者，都希望自己的产品能够被卖出去，那我只要跟他说“我能把你的东西卖出去，我不需要底薪，但需要一定的提成”，他有什么理由不接受我的条件？

我最开始做珠宝商代理，尽管他有别的分销途径，但我也能给他分销，且不要底薪，他也欣然接受。

我知道，只要我做得好，能卖到一定量，我就有机会争取到谈判权，就能拿到更低的进货价，就能获取更多的利润。

对老板来说，如果你能给他创造足够多的价值，不用你主动说，他也会挖空心思——给你底薪、分红、股份——把你留下来。

在我看来，虽然不是每一个老板都那么大方，但是每一个老板都一定会很珍惜能创造价值的人。

因此，先考虑如何帮助老板获利，而不是自己获利，老板获利了，自然会分给你。

同样，你能帮助客户多少，也决定了你能获利多少。

每个销售者都希望用最少的时间和最少的精力卖出商品，但很多时候会事与愿违。因为消费者并不只有一种选择，他们会对比、筛选，有自己的想法。

我发现，当客户犹豫时，你要做的绝对不是逼单，更不是退缩，而是先去思考客户犹豫的原因。

你一定要反复地去寻找客户迟迟不下单的理由是什么，进而在每一个可能的理由上做出应对方案：他是不是不喜欢这个款式？是不是不接受这个价格？是不是没有跟我说真实的预算？

我记得我接触过一个客户，他来找我买一颗顶级的5.20克拉的钻石。我们找遍了全纽约，发现只有我和Harry

Winston（一个美国珠宝与腕表品牌）的店里有符合他要求的钻石。

这两颗钻石在外表上看来几乎是一模一样，而且 Harry Winston 的价格还比我的钻石贵两倍，我以为自己胜券在握。

我也特别想做成这个大单子，中途催了客户好几次，甚至还用上了最常见的逼单沟通：如果再不买，被别人买走了，你就再也买不到。

结果，客户一直没有回应。最终，客户还是在 Harry Winston 下单了。

后来我了解到，客户在意的不是价格，而是品牌价值，他更认可 Harry Winston 的品牌价值。所以，即便我卖的珠宝有价格优势，他最终还是选择了另一家。

这个事情发生后，我告诉自己，没有成功达成销售，是因为没有契合客户的需求。只有我们找到了契合客户的需求，客户才能下单。

对于这个感悟，我自己作为消费者也曾深有体会，那是我在上海买一条钻石项链的经历。

那一天，我本来打算买一条项链，结果我试了好几家店，店员看我穿着打扮也比较朴素，看起来不像是有钱人的样子，对我也不是特别热情，我也没有找到自己心仪的款式其他的。

后来，我来到一家店，一眼就看中了一条很贵的项链，但它超出我的预算十倍。

其实，我当时有点动摇了，打算买它，但又不太舍得，就打算再试试其他的。

接着，我又试了好几条项链，我都没看中，只有一条价格略低的项链勉强达到了我的预期。就在准备买单的时候，我还是不死心地对销售说："你们能不能把店里最贵的那条项链给我试一下？"我口中说的就是我一开始看中的那条项链。

这时，店员觉得我一定买不起，就对我爱搭不理的。有一个一直在一旁站着的销售组长径直朝我走过来，跟我说："你知道吗？这条项链可以拆下来做手链。"

哪怕当时我还没透露出购买意愿，她还是热情地跟我介绍了这条项链的另外一个用法。这个介绍马上戳中了我，因为我正需要一条手链来搭配我新买的手表。就在她把手链拆下来给我戴上时，我决定要买了。

别的店员只想着从我身上获利，觉得无利可图时，就对我冷落至极。只想着自己的利益，只想着自己的好处，不顾及客户的利益和感受，最终丢失了大单。

而这个销售组长另辟蹊径，她从服务客户的角度出发满足了我的需求，让我选到喜欢的商品，即使超出我的价格预算，也最终促成成交。

就像那句话说的，“所有成功者的思维都是利他思维”。

销售成交其实和你的学历、技能没有多大关系，而是和你实实在在帮助了多少人有关系。

获利背后隐藏的本质就是价值交换。你帮别人得到他所想要的，你就能得到你想要的。

我觉得，价值交换其实也是有个先后顺序的。我愿意为你付出，你认可我的价值，自然就成交了。比如，你为老板解决了问题，贡献了你的价值，就能得到你的工资；你为客户解决问题，客户就会用相应的价值和你进行交换，也就是出现付费行为。

换句话说，你能解决多少人的问题，你就能获多少利。这就是获利最简单的底层逻辑。只不过许多人完全搞反了方向：老板不给我足够多的工资，我就不好好干活；我不知道客户能不能付费，我就不给客户提供价值。

心理上拒绝，行动上排斥，客户不买单，自然就是不理想的结果。

现在我做自媒体，也会跟销售团队说：“我们不要不停地逼客户下单，我们永远只需要做一个动作，那就是了解客户的需求，以及告诉客户我们能做什么。”

我还会让销售团队跟所有客户保持平行交流的姿态，不要刻意恭维，也不要表现出推销行为。

我们会很热情，很细心周到，但是绝对不会不停地催客户买课，逼客户消费。因为我相信，只要客户认可我的价值，自然会来购买。

所谓利他利己，就是为了自己获利而采取的行动，但必须先让他人获利。

事实证明，懂得利他利己的人能力不会差，因为他们懂得换位思考，懂得先考虑自己能够给别人提供什么价值，并考虑别人的需求。

总之，卖价值、卖服务，卖技术、卖体力，卖实物产品、卖虚拟产品，所有成功的商人，从某种意义上来说都是在帮助别人。

只要能被客户认可，帮助的人越多，你就获利越多。

你永远赚不到超出认知以外的钱

有句话说：人与人之间最大的差距在于认知。同样一件事情，有人看到希望，有人看到失败。为什么？每个人的心态和思维都不一样，获取信息、解读信息的方式也不一样。

对事物的认知不同，决定了人生的不同。以前，我觉得一个人只要努力就能挣到钱，后来我觉得自己的想法错了，能否挣到钱，很大程度上取决于一个人对新事物的认知。

认知很虚，看似无用，却决定了你未来可能达到的层级、你能实现的价值。

我在卖钻石的时候，听很多人说，卖钻石是一场骗局。说实话，我曾经也是这么认为的。现在回过头来，我发现认为“卖钻石是一场骗局”的人其实是认知不够。

那些说“钻石是一场骗局”的人，只在意钻石的成分是什么，纠结钻石的材料值不值钱。因为对钻石不够了解，凭空觉得钻石不值钱，怎么可能实现买卖交易。

我在卖钻石的过程中认识了很多本地商人，他们确实每年都会固定去购买成套的大钻石。因为历史的经验告诉他们，这些玩意儿可以增值，可以抗风险，可以在遇到困难的时候出售。

因此，市场上那些看似不合理的交易背后，一定迎合了某些人的价值。你看不懂，你觉得是一场骗局，只不过因为你不是这些人中的一分子。

自己没有接触到的领域就认为是骗局，这就是认知局限的表现。你不认可的事，当然不会去从事，也自然挣不到钱。

又如，现在有人玩潮玩熊，一些人就觉得这是没有意义的，怎么可能有商业价值。但我的很多朋友确确实实能把熊卖到几十万元一个，而且我在很多二手网站上也看到，这些熊确实价格不菲。

我开始意识到，很多东西的价格，无论是吃的、喝的、用的、住的还是玩的，从来都不是由我们的一厢情愿决定的，而是由无数的利益群体博弈决定的。所以，拒绝了解新生事物的人，永远抓不到机会。

这个时代瞬息万变，有很多新鲜事物，所以不能墨守成规，要学会洞察变化。你要想提升自己的能力，就必须提升自己的认知，拓展自己的思维。

第一，培养坐庄思维，而不是韭菜思维。

所谓韭菜思维，就是当一件新事物兴起时，你的第一反应是“怕被骗，被骗钱，我不玩就不会被骗”。

就像一些新兴事物，比如，微商等，拥有韭菜思维的人都觉得这些是骗局，拒之千里之外。既然不相信，也就不会去研究，更不会参与其中，也就不可能看到商机。

相比之下，坐庄思维就是把自己当成庄家去思考，遇到新兴事物，就想要弄明白这个事物迎合了什么人的利益、自己怎样才能找到商业盈利点。

现在的我看到像“元宇宙”这样的新风口、新概念时，第一反应不是抵触，而是考虑这件事能给我带来什么机会。

如果你拥有坐庄思维，就会主动去了解，甚至参与其中，只有这样才有可能抓住机遇。

第二，培养开拓思维，摆脱固有思维。

有的人的认知结构十分固化，他们不愿接受新鲜事物，不敢改变既定的生活。

面对新兴事物的出现，有的人的第一反应是逃避，因为在他的眼中一切都是危险的。他们既害怕未知，又缺少自信，任何变化和改变都会给他们带来强烈的不安全感。

他们不敢尝试，拒绝改变，逃避挑战，看似安全，最后失去了一切可能性。

他们很容易起步，但到某一个点就会停下来，之后再也没有突破。所以，就算有机会摆在面前，他们也不可能抓得到。

十年前错过淘宝，四年前错过微商，两年前错过直播，现在又要错过抖音……

有的人愿意接纳新生事物，有冒险的特质，会在调整和尝试中持续赢利，不断超越原有水平。

他们善于观察外在世界的种种变迁，依靠社交和大量阅读，获取各种资讯，不断累积各类知识，以此对趋势形成自己的看法，做出精准的判断，而不是偏听他人之言。

他们借助互联网、大数据等不断拓展自己的认知，开阔自己的视野，紧随时代发展。

《认知觉醒》一书里写道："一个人真正的成长，源于认知，始于行动。"

人与人相差的永远是认知。想要改变现状，必须先改变自己的认知。

仔细检查我们犯过的那些错误，或者失去的各种机会，你会发现：绝大多数过失都是我们自己的认知局限带来的，而不是别人蓄意破坏的，更不是环境带来的。

所以，人的一生就是不断对抗自己认知的过程。

当然，跳出自己的认知局限并不是一件容易的事。如果想过上一种不断向上的生活，而不是一直原地踏步，你就必须下决心拆掉思维里的墙。

至今，我没有炒过股，没有股票账户。但现在，当我再听到任何类似的事件或者概念时，我的第一反应就是，不要动不动地说这是个骗局。

如果我不了解，我可以不评判，我也可以不参与，但是如果新兴事物正在兴起，有机会我可以去学习一下、了解一下。

总之，这个时代，机会总是源源不断地来。只有迎难而上的人，才能抓住机遇；只有敢于尝试的人，才会有好的结果。

如果结果是好的，自然皆大欢喜；如果结果是坏的，也是人生的一次成长。

第四章

为自己而活

想要变得优秀，请对自己狠一点

小米总裁雷军曾说，只要抓住风口，猪也能飞起来。如今，很多人认为“风口”指的就是互联网。互联网的确给我们的生活带来了翻天覆地的变化。这些年，无论是微商、抖音，还是自媒体行业都涌现出一大批成功人士。他们也许有自己的一技之长，也许有专业领域的知识背景，他们借助互联网的东风，实现了财富的积累。

什么是时代的风口，什么是成功之门，如何打开这些风口的大门，这的确是一件值得深思的事。那些能够抓住时机，并有所准备的人，才有可能脱颖而出。

起初，自媒体等这些新兴词语进入我的脑海，我并没有排斥，而是选择了解。

当时我还在国外，对国内自媒体发展情况还不是很了解。回国后，发现身边一个朋友非常喜欢最早的那批网红。

在和朋友的交谈中，我了解到这些网红受到喜欢，是因为她们很会穿搭、很会化妆，或者某些方面很值得学习。也就是说，她们可以在网络上给别人提供某种价值，让别人的生活变得更精致。

我也由此萌生了做自媒体的想法。真正让我下定决心去做自媒体的是，我发现我卖珠宝、卖手表，我的生活始终在一个圈子里打转，并没有实现自我突破。

我想尝试一种新的生活方式。

我当然不是凭空想象，我经常说，我喜欢从自己过往的人生中找规律。回顾我的过往，我觉得自己有当网红的潜质和实力。

高中毕业的时候，我去酒吧驻唱，挣到了人生中第一笔钱，我拿这笔钱买了我的第一部相机。

我拿着这部相机拍了很多自拍照，发到一个财经网站。虽然这个网站是做财经内容的，但当年它的相册做得非常火。不到一个月，我居然成了财经网站上最火的图片博主，这在我的意料之外。

我在纽约读语言学的时候，成为纽约的第一主播。我决定做内容输出，尝试写了几篇文章，结果获得了十万多的阅读量。

这给了我极大的信心，我发现自己在内容输出上是有优势的，这是我对自身能力的分析，但我还不知道如何真正成为自媒体大军中的一员。

机会是留给有准备之人的。那时候的我迫切需要知道，我到底能不能做得来，于是想请教一些业内人士。碰巧，快要毕业时，学校要求我们每个人都要做一份商业计划书。当时，一个时尚穿搭领域的网红同学分享了她自己做公众号和时尚博主的成长历程、运营思路。

她十分喜欢穿搭，也很有自己的想法，多年来，她一直在做穿搭的分享，并渐渐找到了她的受众，吸引了大量粉丝，后来还吸引来了品牌方。

我是一个有胆量、有想法的人，对自我的客观认知，加上对身边成功案例的了解，我的行动路径变得更加清晰了，我决定只身试水自媒体行业。

虽然过去我在无数的行业里都有获利，买了房子和车子，但那都是表面的财富。我真正想要的不只是财富上的积累，而是想用自己的行动去影响更多人：能为更多人提供工作岗位，能帮助更多人获得更好的生活，让更多人都跟着我成长，最终为这个社会创造更大的价值，而这些正是自媒体能够给予我的。

机遇和危机总是相对应的。

我当然知道这是一个前所未有的挑战，要拿出破釜沉舟的劲头才行，我愿意为此一搏。

我本来打算从美国读研究生毕业回国后先去上海，一边工作，一边研究落户的事，再安安心心地去做自媒体。

但一到上海，我还没来得及上班，新冠疫情发生了。我在家待了三个月，那个时候我无事可做，只能天天在家刷短视频。于是，我决定把做自媒体的计划提前。

我认为，想要做好自媒体，一定要分享自己的生活、自己的价值观，然后吸引到接纳我、喜欢我的人群。

为了实现这个目标，我选择先当个唱歌博主，因为那是我当时最拿得出手的技艺。

先用唱歌的方式吸引粉丝，把粉丝转化到私域里，再慢慢分享我的生活，增加粉丝黏性，最后促成电商类的成交动作，这是我给自己自媒体之路做的规划。

当然，进入一个新领域并不容易，我选择舍弃过去最热衷的社交活动，把自己关在家里琢磨、研究、尝试。

我有七个月的时间是没怎么出门的，这是我第一次主动切断与外界的联系，选择了自我沉淀。

我给自己一年时间和十万元的预算，我告诉自己："如果做不出个成绩，就放弃。"

记得第一次直播时我很忐忑，当时我找了几张海报做背景，安装好直播设备，自己对着镜头唱歌。

从最开始的不自信、不好意思张嘴，到后来一点点放松，再到完全沉浸在自己的歌声中，我渐渐找到了自己的节奏。

我很感激当初自己做了进军自媒体的决定，这的确让我感受了前所未有的新生活。

在自媒体这条路上，我突破了自己，也遇到了诸多障碍，但我内心始终有一个信念，就是要一步步走下去。

结果证明，我的选择和付出都是值得的。

“生活没有你想的那样好，但也没有你想象的那样糟。”当我们面对一个新兴领域时可能会惧怕、会退缩，然而，妄自菲薄和自不量力都是不可取的。

我们要知道自己的真实水平和实力，知道自己想要的是什么，找到做一件事的正确方法，才有可能让想法变成现实。

我们也一定会经历一段孤独难熬的时光，可能遭受不理解，甚至是指责，可能会走一段弯路，自己的付出也可能暂时得不到回馈。但亲爱的朋友，不要灰心，也不要失落，这是生活给予我们的成长机会。你吃过别人没吃过的苦，才能收获别人无法尝到的甜。

如果今天有人想要进入自媒体行业，我依然会对他说：“相信自己，试试吧，但也要做好心理准备。自媒体这条路不会像你想的那么难走，但也不会那么好走。”

要想达成所愿，就必须下真功夫、真吃苦，而当你真正热爱一件事时，是不会觉得苦的，你会乐在其中。

机会总是留给有准备、有闯劲的人。有时候不是“你不行”，而是你对自己不够狠。

没有任何成功是偶然的，想要变得优秀，不对自己狠一点，不逼自己一把，怎么知道自己行不行呢?

放下过去，脱胎换骨去深耕自媒体领域，你会遇见一个不一样的自己，收获一段不一样的人生历练。

你永远无法取悦所有人

生活里，我们时常会被人误解，因为每个人都不是活在真空里，周围的流言蜚语一定会影响我们。尤其是从事自媒体后，当把自己放到公众面前，公众这个“放大镜”会把一个人照得一览无余。

有人说你好，也有人说你不好。

你的付出可能不被公众认可，你的成果可能不被公众喜欢，被公众误解、被质疑更是司空见惯。

起初，我有过一段付出却不被公众认可的时间，也曾一度陷入痛苦和委屈之中。

那时候，我刚决定进入 B 站，进入一个陌生领域，我付出了所有努力。

我首先了解 B 站粉丝的喜好和大 UP 主的情况，我也会琢磨怎么设计更适合软件版面的封面，用什么样的字体、标题会更能迎合 B 站的用户群体等。

我还去了解B站里最热门的歌曲，为了获取更大的流量，我每天都在学新歌、学二次元的歌以及站内最受欢迎的博主所唱的歌。

我还记得当时模仿过一首歌，我唱了十几个版本，都没有唱好，但还是一点点地去学。

我把自己的练习过程录了下来，逐字逐句地去复盘、找感觉、调整发声的位置，尽我所能地调动气息来支撑每一块肌肉，进而把每个音都表现得非常完整。为了锻炼自己的气息力量，我甚至还想过健身。

就这样，我天天唱、天天练，不知不觉中，我突破了自己唱功的天花板，唱了很多以前无法唱的歌。我还喜欢挑战一些很难唱的歌，想给粉丝更多优质的歌曲。

我还试过穿古装拍视频，也蹭过知名博主的活动热点，还做过自己的活动热点——让粉丝来唱歌，我来点评指导。

慢慢，我的视频在B站上的确越来越火，不仅教学视频在B站上火了，唱歌视频也被知名艺人转发，我还收获了一万多的粉丝。

虽然辛苦，但做着自己喜欢的事，我每天的精神愉悦度都非常高。

我本以为这样努力付出，一定会得到认可。然而，就在我满心欢喜之时，却遭受了网络暴力。

那是我人生中第一次面对网络暴力，让我深感原来网络和现实是不一样的。

B 站上有一百多个“黑粉”集结成了一个队伍，开了很多账号来攻击我：有人说我唱得不好，有人说我态度不谦卑，也有人说我的教学视频是误人子弟。

起初我觉得，既然我得到的是负反馈，那应该是我做得不够好，我还按照那些“黑粉”给我的“回应”和“意见”，去调整自己的行为。

可结果是，不管我怎么做，依然有“黑粉”在网上和我对峙。

面对“黑粉”的污蔑和诋毁，我选择了在留言板上和他们据理力争，没想到他们变得更猖狂。

“为什么那么努力却不被认可？为什么怎么做都不对？我到底应该怎么做才能让所有人满意？”

那段时间，我头脑里反复出现这些问题，痛苦不已。

当我静下心来想想，正是因为我很火，所以才会遭到攻击。也正因为当时我是一个小有名气的博主，我越是回应“黑粉”，他们越有优越感，越会变本加厉。

后来我想明白了，如果再遇到“黑粉”，不去搭理他们。就像那句话说的，“冷漠，就是对诋毁的最好回应”。不回应就是最有力的回应。那按部就班做好自己的事，不去在意那些并不喜欢我的人的意见。

后来，我转行做女性成长博主，依然遭到了“黑粉”的攻击，但我和之前有了不同的心境。

仔细想想，他人不可能完全理解和认可我。

并且绝大多数人和我身处不同的环境，他们的价值观和思维方式都与我不一样，他们不认同我的说法也很正常。

我说的话只能代表自己，我无法赢得所有人的认可，质疑声就一定会存在。既然这样，我为什么要和他们浪费口舌呢？

我再也不会因为别人的一句负面评价而自责，而是学会调整心态，按照自己的规划给喜欢我的人答疑解惑。

直到今天，当我看其他博主的内容时，我也可能并不完全认同，但我会持中立态度。虽然我不认同某些博主，但还是会有很多粉丝喜欢这些博主。

这就是“萝卜青菜各有所爱”吧。

人生在世，注定要受许多委屈。如果一点点挫折就让你萎靡不振，那你做任何事情都会半途而废。

有句话说：“受得了委屈，撑大了格局。”

真正叫醒一个人的从来不是道理，而是经历。一个人的心胸和格局也会随着经历而变大。

你受得了多大的委屈，就做得了多大的事。

你受得了的委屈，是为了开拓未来更宽广的路。

一帆风顺固然好，但有时，磨难和逆境才是社会给我们最好的礼物，也会使人迅速成长、成熟，从而让人变得更加睿智和豁达。

从事自媒体的经历告诉我，我们做人做事问心无愧，不必执着于他人的评判，也无须看别人的脸色，更不必一味迎合别人，否则只会让自己活得更累。

有人可能会说："受委屈是工作的一部分，你挣的工资里就有这部分费用。"在职场，无论是普通职员，还是年薪百万元的总裁，也都要看别人的脸色，承受别人的坏情绪，因为那就是工作的一部分。

同样，在网络上工作，承受别人的质疑声，甚至"黑粉"的攻击，这是工作的一部分。你就是要承受这些委屈，因为那也是你工作的一部分。

不去在意别人的评价，而是做好自己该做的，真正爱你、懂你的人会给你提出中肯的意见。对方说的确实是中肯的意见，我是会虚心接受，并且改正。如果对方就是不认同我，或者完全就是恶意诋毁，对此我会不予理睬。

人生从来不容易，遇见任何事情都要保持乐观、豁达。我们永远无法取悦所有人，所以按部就班做好自己该做的事，就是对自己最大的安慰。

顺势而为，才能有所作为

一个人要像水流一样，学会顺势而为，才能达成自己所希望的。对从事自媒体的我而言，学会顺势而为，会更加省时省力，实现目标不再是一件难事。

俗话说“计划赶不上变化”。再详细、再合理的计划，有时候也会因为外界变化而不得不做出调整。

聪明人会让计划服从变化，会顺势而为，能让自己付出最少的努力，获得最大的回报。

不论是出国留学还是做自媒体，都让我明白一个道理，事情不会总按照我们希望的方向发展，但要做成一件事，我们可以借助外力，懂得顺势而为、适时而动，这也是一种快速超车的智慧。

这个想法在我做自媒体的初期便得到了很好的印证。

第一，选对赛道，顺势而为：从唱歌博主到女性成长博主的转型，是偶然，也是必然。

在做了七个月的 B 站博主之后，我发现自己进入了瓶颈期，没有了自我突破的空间，只是在重复过往的经验。

当时，正巧赶上电视剧《三十而已》热播，网上有很多关于爱情、婚姻、人生等的话题讨论，也有很多博主发布相关视频并阐述自己的观点。

我觉得这些视频有的内容过于冗长，有的标题和画面不够吸引人，而我过去在这方面有所涉猎，也有自己的看法，于是，我就决定小试牛刀一把。

我遵照自媒体的逻辑，做好内容剪辑，设计好标题和封面，也在抖音上发了一条分析电视剧《三十而已》的短视频。

发布这条短视频的初衷是蹭热点，但我的确也很想吐槽剧中人物的行为。没想到，这条短视频马上就火了，达到接近十万的点赞量。

说是偶然，但也是必然。

这是我七个多月，从字幕到剪辑，从视频语言到封面标题精心学习的结果。

我跟自己说，如果我连发三条情感分析短视频都能火，我就转型做女性成长博主。上天不负有心人，努力后迎来了巨大的正反馈，三条短视频真的都火了。

于是，我没有执着于 B 站领域，而是抓住了这个机遇转换赛道，成为一个女性成长博主。

事实证明，我的选择是正确的。

我身边的很多成功人士都是靠着自己的智慧和能力，选中了最适合自己的发展方向，然后快速走进自己的人生轨道。

因此，不一定按照既定规划去发展，只要以结果和目标为导向，学会顺势而为，学会转弯，便是一种快速抵达目标的智慧。

第二，深耕自己，一路升级：尝试做知识付费，实现持续转化获利。

我知道自己做短视频的最终目的是获得粉丝和受众的喜爱，然后实现转化获利。但我当时并没有太多信心，也不知道从单纯做短视频到顺利收益到底要用多长时间。

所谓“知彼知己，百战不殆”，创作之余，我也开始研究很多女性成长博主，发现她们开始从短视频制作转到做情感咨询，然后收取咨询费用，实现转化获利。

我知道，要想收益，我不能单靠视频流量，而是要靠情感咨询内容输出。

“我的实力能做情感咨询吗？会有客户买单吗？”这是我对自身产生的疑问。

虽然我曾经帮助过很多朋友解决日常情感问题，但我毕竟不是心理学专业出身，对于正式收费去帮助大家解决情感关切这件事，我始终没有那么笃定。

但我不是个安于现状的人，当有朋友告诉我，其他女性成长博主在网站上做付费连麦和付费问答，而且她们觉得这些女性成长博主能力不及我时，我的野心又勃发了。

那个时候我就跃跃欲试。

为了实现这一目标，我逛了很多女性成长博主的直播间，也听了很多付费连麦，我觉得以我的能力可以试一试。

我在私域里公布了一个信息：大家可以电话咨询情感问题。第一天我就接到八个电话，接下来几乎每天都有咨询电话。那个月，我最后收益不少。

后来，我又建了五个五百人的微信群，把粉丝不断引流到私域，我每天从早到晚都在接电话，我的咨询费用也开始翻倍。

我还建了一个一百二十人的付费群，每天都有人在群里问各式各样的问题，从早到晚没有停过。

这样，我在不直播的情况下，单靠短视频把用户引流到私域，引导他们做收费咨询，就实现了持续收益。

从女性成长博主到收费咨询，从电话咨询收费到微信群收费，我不断摸索，深耕自己，直到越做越大，越做越得到认可，获利也成为水到渠成的结果。

第三，持续发力，成为头部：布局小红书，是新的机遇和挑战。

“你只管努力，你想要的上天都会帮你。”如果没有其他变化，我应该还是会一直做电话和微信收费咨询，不断提高咨询费用，不断增加粉丝数量。但做了三个月后，小红书找到了我，邀请我开直播。

这是喜出望外的事，证明我又多了一个平台，又可以积累更多粉丝，实现收益渠道多样化。要知道，我之前就一直想再拓展其他平台，只是苦于没有路径。没想到，得来全不费功夫。于是，我毫不犹豫地答应了。

第一次直播，我内心很忐忑，不知道小红书的粉丝会不会喜欢我。还好，刚开播，就有一百多人观看，因为有经验，我就直接开始做收费连麦了。

小红书比抖音起粉快，只用了五十天，我的账号就有了十万粉丝。于是，我从最开始的一周一次直播，增加到一周三次直播，每场直播的观看人数也在直线上升。就这样，我靠着内容质量和个人魅力，不断地吸引新的粉丝，并逐渐成为这个赛道的头部主播。

这是我做自媒体的一个里程碑。

与此同时，我的抖音直播间观看人数也稳定突破了一万人。随着咨询者越来越多，我有点顾不过来，于是我果断决定，孵化自己的咨询师，锁定精准人群。

原本，我的团队只孵化了两个咨询导师，突破万人直播间以后我把咨询师增加到四个，为的就是能够更高效、更专业地为客户提供服务。我也开始锁定精准人群，不做大而做精，目的是给咨询者提供更贴合的服务。

通过不断自我沉淀、自我调整，我终于找到可复制的、有规律的方法，让收益成倍增长。

如果今天有人想尝试进入自媒体领域，但不知道如何起步，我会告诉他：一个人迈向成功的方式是选对赛道，深耕自己，持续发力。

唯有正确地定位自己，选对赛道，才能事半功倍；唯有在某个领域深耕自己，才能渐渐找到收益渠道；唯有持续发力，才能搭建更多的平台，直到价值飙升的高光时刻到来。

如果你想从事自媒体，你做得足够好、被认可，收益只是时间问题。

在自媒体领域，从0到1，我没有一直在B站做唱歌博主，而是学会顺势而为，抓住机遇，在抖音和小红书上绽放光芒。

这一路走来，有努力、有付出，有选择、有决定，但都是顺势而为：我做好我应该做的，就吸引来了粉丝，又有客户愿意为我的咨询服务付费，再到小红书平台看到我，主动邀请我加入。

善于顺势而为，不但帮助我渡过很多难关，还为我在事业上的成功提供机会。

我一直觉得，人生中所有事情都是自己主观想法和外界碰撞结合的结果。

如果只是埋头干，不看前方的路，很可能陷入泥潭；如果只是专注自己，不在乎外界反应，也可能会误入歧途。

如果你不想成为碌碌之辈，在关键时刻手忙脚乱，那么，从现在开始，锻炼自己顺势而为的能力，相信你也会开启一扇新的人生大门。

太用力的人，跑不远

有句话说：人生有度，过则为灾。很多人觉得努力工作、努力生活很重要，我也从来不否认努力工作对于生活的意义，可是，那种铆足了劲，恨不得每分每秒都在工作，我却不赞成。

一个人的生活空间完全被工作填满，岂不活成了一部工作机器？最终，自己的身体累垮了，得不偿失。

那些费尽力气得到的东西，要么说明你缺乏天赋，要么说明你用的方法不对，无法长久拥有。

太用力的人，跑不远，对自己也是一种伤害。

我的亲身体会告诉我：懂得找到自己的核心竞争力，学会借助外力，松弛生活，才能走得稳妥且长远。

第一，找到自己的核心竞争力，比盲目努力更重要。

做了直播之后，我就很少额外录短视频了，主要都是发直播切片。

我的抖音只有几十万粉丝，同样的粉丝量下，别的直播间能有一千多人就已经很不错了，但我硬是靠着较强的拉停留能力，让我的直播间突破了万人的上限。

我之所以能有这么好的直播表现，因为我有多年的舞台功底和社交经验，再加上我的口才很好，这三大优势组合起来，确确实实打造出我这样一个独一无二的主播。

我非常清楚自己的优势，也非常认可自身的价值。

我了解不同层次人的生活状态、心路历程，能够覆盖的人群也很广。

直播表现力和广泛的受众，就是我的核心竞争力，让我起步就超越了很多博主，所以我不像有的博主那么拼。

我做事的状态整体是比较松弛的，我只需要围绕着核心竞争力，尽可能地展现自我、凸显自我，就能在这个市场中占有一席之地。

太用力，说明你在这一领域并没有优势，那还不如换个领域。

那些轻松就能做到的，说明有天赋或者与能力匹配，轻松就能得到认可。

选择适合自己的领域，适度竞争，找到自己的节奏，自然地将一切融入工作，比盲目努力更有效。

第二，懂得借助外力，减轻自身负重，才能起到四两拨千斤的效果。

你一定遇到类似的困境：想事事亲力亲为，力求把一切做到完美，却总是出力不讨好，使自己身心疲惫。

在我看来，一个人的能量有限，很多时候，我们要学会借助外力，才能突破卡点。

我是一个很会利用社交去撬动资源的人。

简单来说，就算一件事情我能靠自己撬动，但还是想借力打力，因为我希望自己少使点力。

这样的心态也会影响到我生活中的方方面面：我怎么能花更少的时间，做出更好的效果？

很多时候，我会逼自己先动脑、先思考、先去想想怎么省力，而不是盲目地在每个点位上都努力，自然而然我就会找到那个性价比高的点位。

对一家企业而言，花最少的钱、做最多的事、达到想要的效果，无疑也是性价比高的选择。

我还学会借助员工的力量，发挥员工个人的优势，在各个领域做到最好，我就可以省很多力。我会反复跟员工说多动脑子，我也会给他们很多的权限，让他们发挥自己的特长，主动地去做自己的工作。

生活里，很多人想的是要拼尽全力，却不知如何省力。一个人越是优秀，就越懂得借用外力走好自己的路，做到张弛有度，才能轻松前行。

第三，拒绝“内卷”，学会适当放松，才能走得更长久。

近年来，“内卷”成为炙手可热的词汇。“内卷”是对的吗？要竞争到什么地步才足够？

很多老板想着如何让员工在每一个维度上拼尽全力，所以我们才会看到很多企业的价值理念，都是劝员工拼命干。

但我不认可这样的工作模式，也不会这样要求我的员工，相反，我希望我的员工可以在松弛的状态中完成工作。

我自己是一个不会去牺牲时间、精力、体力和生活来完成工作的人，所以我也不要求我的团队呈现“内卷”的状态。

我觉得，工作成果比工作时长更重要。换句话说，如果你能用比别人少的时间获得比别人更多的成果，你完全可以去休息、去享受生活。

我希望自己团队里的人可以轻松工作，在精神上是轻松愉悦而非紧绷的状态，在工作之余也能越来越享受生活，前提是你把工作做好就可以。

人在高强度之下就像一根紧绷的皮筋，如果不会变得柔软、适当回弹弯曲，迟早会绷断。

我们应该学会适当放松，不要让自己陷入“内卷”的怪圈中。保持一种松弛感很重要，因为只有保存更多的体力和精力，才能走得更远。

生活里的休息也是对高强度工作的缓和，休息好了，才有精力和体力好好投入工作，这是一个相得益彰的过程。

TCL多媒体独立非执行董事吴士宏曾说过：“工作时间不要超过三分之一，另外的时间多做点让自己开心的事。”

工作当然是一个人立足生活的根本，但也没必要耗尽自己的全部精力。

人这一生，凡事都赢在适度，毁在过度。

好的人生，需要慢慢来，更需要把握工作节奏，做到张弛有度。

认可自己的能力，把控自己的生活；懂得借助外力，省时省力地做成自己想做的事；对工作和生活合理分配与规划，做到工作生活两不误。这就是我的工作感悟，也是我的生活状态，我认为这是一种健康的方式。

工作时，努力投入；生活中，轻松享受。这一生，不求过得多好，但求在自己的节奏里活得潇洒从容。

愿你善待自己，轻装前行，在张弛有度中把生活过成自己想要的模样。

善管理者，知放手

看过一个节目，其中一位公司领导者说：“其实公司没我也行，就像我，基本上不去公司，实在担心了，就远远地看一眼，看见公司业绩蒸蒸日上，我就‘心如刀割’，原来公司没我真的行。”

虽然言语间满是调侃，但说出了公司经营的一个真相：管理者不能什么都握在自己手里，要懂得放手，要懂得给每个员工发挥和成长的空间。

这也是我在团队运营中逐渐摸索出来的道理。

我们的团队规模非常小，都算不上是一个企业，所以目前我基本上没有用到那种特别复杂的管理体系。

但我有自己的一套管理方法，就是特别尊重团队里的每一个人，我把他们都视作独立思考的创作者。

我一直觉得，自媒体是一个具有创造和创意属性的行业，每个选择进入这个行业的人，就是独一无二的创造源。充分发挥每个人的特质，才能成就独一无二的内容。

好比我的小助理，虽然他的学历没那么高，但在他自己的工作范畴里，我一直都在激发他，让他去做自己想做的内容。

我有一个抖音小号就是交给小助理独立去运营的，怎么剪视频、怎么用素材，我都没有干预过。

一开始，他问我怎么剪，我就说："你觉得该怎么剪就怎么剪。"

其实，我是有一套非常完整的思路，但我并不认为我的思路能覆盖更多的人群，也许他的年龄小，他的思路反而更能打动他那个年龄层的人。

我们的销售体系也是这样，我们的销售老师都是自己搭建的销售团队，也有自己的助理。

如果销售老师需要我来建议怎么分利润，我就会把我的想法告诉她，如果她不需要，那我就会让她按自己的方式来分。

我的咨询导师也是。在做咨询的时候，但凡她没有来找我，只要没有客户投诉，我绝不插手她的工作。

因为在我的观念里，只要客户满意了，我就满意了。

只有当客户不满意，他们也很无助、主动来找我时，我才会去和他们一起协商解决方案。

我不会提前干预团队里每个成员决定的任何一件事，这就是我的管理方法。

我一直认为，我们是做自媒体的，每一个人其实都是希望自己的想法能够被尊重、能够实现，所以我不能把他们当作螺丝钉去看待，让他们服从我的决定，那样对他们是不够尊重的，对创意也是不够尊重的。

所以，在不损害集体利益、不损害品牌口碑的情况下，我让团队里每个人有充分的空间发挥自己的理念。

无论是跟客户沟通，还是宣讲我们的产品和服务，抑或与别人分享利润，团队里的每个人都有极大的成就感。

我尽量让他们先思考，再去完成。当他们觉得有问题，需要我帮忙时，我再帮他们调整。

我也一直在激发他们的自主能力，因为我相信他们有能力去做具有创造性的事情。给他们各自成长的空间，团队里的工作也会越来越得心应手。

我愿意给大家充足的自主空间，又愿意把利润分给他们，他们就是自己的老板，所以他们都愿意继续待在这里。我们几个人在一起共事快三年了，每天都很开心。

当然，前期的磨合确实要花费不少工夫。

在磨合的过程中，我会耐心指导每个人。当把他们带出来，我就会很省心。因为懂得对下属放手，所以现在我每天除了直播，会有更多的时间留给自己，何乐而不为？

管理大师彼得·德鲁克说过：“卓有成效的管理者必须

懂得授权给下属。真正的管理是通过他人完成工作的。”

管理者的确拥有比员工更多的经验和技能，在某些工作上会更优秀、更省时。但管理者要是过多参与下属的工作，就是对下属缺乏信任。久而久之，不仅会把自己弄得疲惫不堪，也会使下属成为一个什么都干不了的人。所以，管理者在管理团队时，很多时候需要做的就是“放手”。

对此，我有几点心得体会，分享给大家。

第一，把专业的事交给专业的人做，是对资源的整合和利用。

自媒体行业的特殊性是做内容。事实上，从事自媒体的人都有自己的特质和想法，一个人的精力和时间是有限的，各尽其责，各司其职，才能发挥每个人的能力，实现团队力量的最大化。

没有哪项工作是一个人单打独斗能完成的。管理者懂得调动团队里每个人的能动性，把专业的事交给专业的人做，更是一种整合能力的体现，也可以更好地实现合作共赢。

第二，培养员工的独立工作能力，让他们有成就感，更利于团队长远发展。

现实中，很多管理者喜欢以权威自居，插手下属的工作，还自认为这样是正确的。殊不知，这样虽然避免了下属犯错，却也剥夺了下属快速成长、独立承担责任的机会。

俗话说，“错误是最好的老师”。快速成功未必能让一个人成长，但失败一定会让一个人快速成长。

管理者学会放手，要在一定程度上给予员工试错的空间。让员工能独立决定和完成工作，让员工在错误中成长，也会让员工更有成就感，最终更利于团队长远发展。

第三，管理者要把握好“放手”和“掌控”之间的度。

虽然管理者要学会放手，但不是当甩手掌柜，更不是说对所有事情都放任不管，而是对细枝末节不要过多追问。要懂得控制方向，明确目标，注重工作成果；更要懂得引导与帮助，扶持下属，让他们快速成长，为他们提供强大的后盾与支撑。

管理者只有从烦琐的日常事务中脱离出来，才能提高自己的工作效率，把眼光放在更高的视野上，引领团队向正确的方向发展。

管理者不可能凡事都亲力亲为，也不可能面面俱到。

懂得放手，是对员工的信任，也是对自我管理能力的认可，更是如今这个快节奏、高压力时代，能够提升工作效率的最好方法。

这就是我作为管理者的一点心得体会，希望可以帮助到每个在自媒体行业摸爬滚打的创业者。

不忘初心，活出精彩

生活中的你，会有下面的困扰吗？

·怕招来别人异样的眼光，不敢表露心声，不敢拒绝他人的提议，虽委屈自己接受了某个决定，却后悔不已；

·很容易受到其他人的影响，导致盲目跟风，失去了自我思考的能力，结果，忘了自己的初心，迎合了他人，却弄丢了自己。

过后某个日子想起来，又颇为遗憾，质问自己：

“我为什么当初没有坚决拒绝对方提出的请求，选择委屈自己？”

“我为什么没有抓住机会，没有说出心里话，没有去实现梦想？”

“我为什么没有去做自己想做的事，如果当初坚持自我，今天会不会过上不一样的人生？”

最终的结局是，时光匆匆，自己却从来没有痛痛快快地活过。

然而，时过境迁，即便再向往、再懊恼也无法逆转，那些未完成的心愿成了打不开的心结。

坦率地说，在自媒体创业这条路上，我的确遇到过很多选择。有人告诉我要这样做，有人告诉我应该那样做。

我一路走来，发现只有忠于自己最真实的想法，才能活得酣畅淋漓，也才最能接近自己想要的目标和生活。

记得我做账号取得一定成绩的时候，曾想尝试和一家MCN（多频道网络）机构合作。

因为之前我没有跟别人合作过，所以内心会有点好奇：如果跟 MCN 机构合作，会不会有更好的灵感？他们能够给我提供什么资源？

MCN 机构负责人说，不论我想要什么资源，他们都会无条件地配合我。而当时，我的团队只有我和小助理两个人，我确实有扩充团队的需求，但又苦于没有时间找平台。

我认为，与其自己从 0 到 1 搭建团队，不如直接使用别人的成熟团队。所以大家聊着聊着，就决定尝试合作。

可在共事过程中，我发现他们并没有给我带来太多的增益。他们唯一的有效动作，就是帮我招了一个销售老师，这个销售老师现在还跟着我，是我团队中的重要一员。但在业务方面，他们给我出的很多主意都被我否决了，往往还是采用了我自己的构思。

因为我对于自己的业务、自己的客户有着很清晰的了解和认知，而他们没有，所以我只能遵循自己的想法，而且在后续的实操里，也确实验证了我的想法是有用的。

既然没有给我带来太大增益，我为什么还要和对方合作呢？我想和对方解约，但碍于情面，最初我还不好意思和对方提解约之事。但过了半年左右，我还是选择尊重自己的真实意愿，与对方解约。虽然决定很艰难，但事后证明是正确的。

后来又发生一件事，让我觉得果断拒绝别人并不是一件坏事。

当时，有位抖音博主想给我出课程，他说能保障我的课每个月至少有五十万元的销售额，我还挺想合作的，因为我觉得他是教育学出身，靠得住。当时我已经有想单干的想法，但还没有和公司说。

接着，我就跟公司的一个合伙人，也是我在这家公司最初的朋友聊起了抖音博主想要给我出课程的事。

我还告诉这个朋友，在我没有做出决定之前，不要把这件事情告诉公司里的任何一个人。

结果没想到，当我还在思考的时候，公司的大股东就给我打来电话，说："我听说有人要帮你做课，他提到的营业额，也是我内心中很期待的数字。"

这件事直接导致我下定决心跟公司解约并出来单干，也算是给了我一个做出决定的契机。

其实我想单干，主要是因为我在跟公司合作的过程中就已经知道有的地方是有调整空间的，也知道有很多规则是需要修改的，而公司层面没有任何新的动作，我觉得再干下去，会阻碍自己的发展。

虽然我有合作伙伴，但公司所有的价格体系都是我自己搭建的，服务体系也是我自己构思的，我认为我有能力把业绩做得更好。于是，借着“朋友泄露机密”机会，我果断决定解约。

在解约之后，我马上就把自己的想法付诸行动了。果然，在解约后的第一个月，因为我构建了新体系，完善了服务规则，业绩也翻了一倍。

如果我当时顾及别人面子，选择继续合作，或者继续留在公司，我不会取得今天的成绩。

所以，直到今天，我做决定的时候依然考虑的是“忠于自己”，因为没有人知道我最想要的是什么。人生中的任何时候，还是由自己来做规划，其他人只能做执行。

忠于自己，不被情感绑架，学会拒绝，少一些裹挟，才能多一份从容。

说实话，在自媒体领域闯荡并不容易，每天都有新的竞争对手。而这些年，我也看过很多人，别人做什么，他就做什么。看到人家做直播低成本、高收入，他觉得很容易，没有了解，也没有做足功课，忙活了几个月，结果粉丝寥寥无几。

看到别人注册公司，他也跟风注册，结果没有合作渠道，工作根本无法展开，坚持了半年，不得不暂时搁浅。

轰轰烈烈开始，惨惨淡淡收场。

盲目跟风会让人失去自己的特质，也可能误入歧途，在自媒体领域更是忌讳跟风从众。

因为粉丝有自己的甄别能力，他们更喜欢独一无二的东西，你总是跟随别人，久而久之，粉丝就会弃你而去。

在我看来，我们每个人经历的人和事都不一样，所以自己要有鲜明的标签。只有把自己原本的模样呈现出来，才能称为原创，才能走得稳。

当时 MCN 机构帮我出课程，他们自认为做得很好，客户反馈也不错。可我就不认可这件事，因为在我看来，他们出的课跟市场上做的东西是一样的，并不是只有我才能做出来的东西，所以我也没办法全心全意地去推这个课程。

回顾中华上下五千年，所有的智慧、道理其实都是已经被思考过、研究过的，我不可能重新发明一个新的名词。但任何一个时代的人，一定会有自己的历史和故事，他们也一定会把古人的智慧运用到当下生活场景中，并做出新的解读，也会有新的体会。这在我眼中就是原创，就是有自己更深刻的认知。

因此，我认为的坚持原创，就是要有自己的思考，并重新解读给读者听。

如果不是我在短视频里坚持输出原创的内容，如果不是我一直用真实的人生经验与大家分享，我是没有办法这么迅速地吸引到这么多用户。

如果这件事情我没有完整地经历过一次、演练过一次，我必定会心虚，而在心虚的状况下，我又怎么可能做好销售呢？

其实，很多自媒体博主会模仿，因为在互联网发达的今天，有些东西的确很难被界定。

人很容易盲目跟风，丧失自己的主见和判断力，失去具有自己个性的生活。

我认为，每个人的生活经历不一样，思考也不一样，还是要做属于自己的内容。

因此，我还是会选择原创，将自己体会和感悟的道理分享给我的用户。

我们每个人都想活出最好的状态。可有人受他人影响，勉强自己做出违心的选择；也有人瞻前顾后，不敢去追求自己想要的一切。

没有自己独立思想的人是可悲的。总是羡慕别人的生活，想时刻紧跟别人的步伐，最终活得很累。

自己的想法、自己的能力，才是永恒的东西。回归自己的初心，依靠自己，才有满满的幸福。不管是面对事业、人生还是情感，都应该遵从自己的想法。

亲爱的朋友，你要忠诚于自己的想法，不要听风就是雨，别人说什么你就信什么，也不要害怕拒绝他人而委屈自己。

忠于自己，本身就是一种强大的力量，一个人只有不忘初心，活出属于自己的精彩，才对得起独一无二的自己。

沉住气，精准发力

有人说：面对瓶颈期的态度，最能看出一个人的心性和能力。

对此，我深以为然。

每个人在学习或者工作中都会遇到瓶颈期。我在自媒体创业这条路上也不止一次经历瓶颈期，也曾迷茫困惑。

经历过后才会懂得，面对瓶颈期，一味迷茫、焦躁是无用的，只有理性认真地分析问题，找到解决问题的方法，努力度过瓶颈期，才能迎来更好的结局。

面对瓶颈期，不急不躁，不急于求成，沉得住气，才能发得了力。

我们的课程销售有段时间不是特别理想，商务建议我投入更多的资金来换取更多的销售额。

我是一个习惯用更少资源做更大产出的人，当时，我没有立刻去花钱引流，而是复盘了其他数据。我发现，我们的直播流量并没有降低，甚至还在走高，也就是说销售额变差，不是因为没有新的流量。

我又想了想，是不是原有人群真的覆盖全了？是不是确实到了花钱买流量的时候？

我还发现，随着流量越来越大，我们课程被他人抄袭的越来越多。我们原来的广告导致很多人以为只有课程是有价值的，所以他们就直接去购买了盗版课程。

所以，我们真正应该做的不是花钱购买更多的流量，而是想办法提高流量转化率，即用更优质的运营手段引导已经进入私域的用户去购买课程和服务。

那个时候，我觉得首先是让用户知道我们的社群可以给他们提供信息价值。如果社群可以给用户提供更多附加价值，他们就更愿意停留于此。

于是我让销售老师调整了运营策略，更多地去宣传社群给大家带来了什么帮助、学员如何在社群里链接了更多的资源，以及群员如何在互动中找到了合作点等。

既然我不能完全让大家去购买自己的正版课程，那我就宣传社群的亮点，让他们看到社群所带来的价值。

结果第二周的销售额就比之前翻了一倍。

经过这件事我明白了，我们不能一遇到难点就想着增加资金投入，而是应该多问问自己：我的努力已经到极限了吗？

现有的资源已经挖掘干净了吗？可利用的手段已经穷尽了吗？

我私域里只有一千个人的时候，这一千个人都为我付费了吗？当我有一万个人的时候，这一万个人都为我付费了吗？如果这些人都还没为我付费，那我总是想拉新的流量进来，意义到底是什么？

俗话说，好钢用在刀刃上。会花钱，才能挣到钱。盲目追加投资，不一定得到想要的效果。紧俏的资金一定要用在最需要的地方，才能够为公司提供发展资本。

我没有增加投入，而是深度挖掘现有客户的需求，提高转化率，做好存量，再做增量，顺利度过了这次瓶颈期。

这件事还告诉我，遇到瓶颈期，不能急于听信别人的建议，而是要仔细思考、认真分析，找到症结所在，对症下药。

还有一段时间，直播又陷入了一个瓶颈期，那是我刚开始自己卖课程之际。

最开始，我的粉丝量比较多，课程卖得也比较好。但过了一段时间，我发现直播涨粉速度非常慢，少的时候只涨一千，多的时候也就四千。

这在告诉我，这门课卖了三四个月后就卖不动了。

当时，有个抖音博主说能帮我把课卖出去，还给我搭建销售团队，帮我做到五十万元的销售额，但要百分之二十五的分成。

起初我有点动心，但我还是没有着急做出决策。

尤其当我看到了“超级个体”的模式，很多舞台表现力远不如我的博主，都能做所谓的超级个体，能实现几百万元甚至上千万元的销售额。

我知道我缺的不是销售能力，因为我自己就可以做销售，我也不想在这上面增加投资。

当时，我也沉沦了一段时间，心想：“要不然就这样吧，别瞎折腾了，可能用户就是不喜欢我了，去买别人的课了。”

但我问自己：“你是否真正热爱你所做的事？你已经竭尽全力了吗？你坚持不懈地付出了不亚于任何人的努力了吗？”

我的答案是否定的。

后来我发现，其实用户的眼睛是雪亮的。他们在众多直播中选择你，一定是你有优势。

在优胜劣汰、不断洗牌、自然选择的竞争环境下，只有精益求精、一直以更好的状态输出内容，才能吸引更多的用户。于是，我选择在内容输出上做优化。

一方面，我还是保持着非常稳定的状态直播、输出。每次直播，我都会进入所谓的心流状态，没有一丝懈怠，而是非常专注、非常投入。

另一方面，我选择锚定精准人群，不管是创作内容，还是设计收费体系，我都在不断地锚定精准人群。

此外，我还孵化专业的咨询师，让用户体验到更优质、更专业的服务。

坚持一段时间后，我抖音直播间的在线观看人数从三千多涨到了五千多，最后居然成了现在的万人直播间，而且不断地有新用户购买课程，我的课程销量也一直在上涨。

后来我感叹，当一个人热爱自己所做的事情时，总会想出各种方法和渠道去学习、去研究，乐此不疲，津津乐道。

总之，热爱是走出瓶颈期的动力。当你真正热爱一件事时，才会在瓶颈期仍然不断钻研，带着“为什么”去不断改善和创新。

自媒体从业者难免会遇到一些瓶颈和困境，而这个时期正是人自己和他人拉开距离的时候。

有些人会就此心灰意冷，慢慢失去创作热情；而有些人会找原因、找方法，去学习、去提升自己。

当你一直处于不断地完善自己、提升自己的状态时，总有一天，属于你这个赛道的用户会走到你面前。

稻盛和夫给出过一个成功公式，即人生和工作的结果 = 思考方式 × 热情 × 能力。

也就是说，工作的结果是由思维方式、热情、能力决定的。

我觉得，遇到瓶颈期，更需要思维方式、热情、能力做支撑，才能渡过难关。

因为有正确的思维，才不会急于求成、误入歧途，才能够耐心冷静地分析问题。

因为对某件事有热情，才能够一直坚持，才能够取得更出色的事业成果。

因为自身有能力，才能透过现象看到本质，调动一切资源，想尽办法解决问题。

谁都有可能遇到事业的瓶颈期、低潮期，有人选择消沉，对问题避而远之；有人看见问题，主动解决问题。

那些接受新挑战、挖掘新潜力的人，能够把遇到的问题罗列出来、细化下去，身体力行，切实对症解决问题，最终化茧成蝶，突破瓶颈期。

我的两段创业瓶颈期的经历，让我总结出以下经验：

一是任何时候都不要局限于自己的思维，不要让类似“如果不……就会……”的思维禁锢住我们的大脑，而是多角度寻找解决方案。

二是在瓶颈期到来的时候，如果是自己真正喜欢的事就要坚持做下去，即使问题很棘手，我们也可以很开心地去做下去，把自己的全部热情奉献给自己所热爱的事业。

别害怕，别着急，把挫折当作挑战，把瓶颈期当作阶梯，一步步走下去。

保持好的心态，在该努力的时候努力，继续精进，永远成长，才能把同行甩在身后，才会成就更优秀的自己。

精准定位，舍取有道

“二八定律”在一个层面是说百分之二十的人掌握着全球百分之八十的财富。作为销售行业的从业者，我们百分之八十的业绩收入来源于百分之二十的客户。也就是说，我们大部分收入来自一小部分固定客群。

可在现实生活中，很多人常常意识不到这点，结果用百分之八十的精力，给我们提供百分之二十业绩的这部分人服务，时间和精力都用错了地方，最终用较高投入取得了较少产出。

真正懂得“二八定律”的人明白，要把有限的时间和精力，服务更优质、更精准的客户，才能用最少的投入获取最多的产出。

说来奇怪，我在很小的时候就明白“二八定律”的道理，即一个人、一家企业永远不可能赚所有人的钱，你得把百分之八十的精力锁定在百分之二十客户上才行。

记得我上学的时候，有一本杂志专门发欧美街拍、欧美明星的穿搭。我当时特别喜欢那本杂志，每一期我都会去购买。结果有一天，我发现这本杂志突然拿出三分之一的篇幅来做中国街拍。

从那以后，我就再也没买过那本杂志了。倒不是说我不喜欢中国街拍，而是因为如果我想看中国街拍，我完全可以去购买其他杂志，就没必要购买这家杂志了。

虽然当时我才上高三，对商业世界的逻辑一无所知，也没有任何经商头脑，但在那个时候我就理解了，一个企业的产品定位一定要清晰。

你选择了一部分人，就必然面临着要放弃另外一部分人。如果你想把所有人都抓住，最后所有人都抓不住。

在我的观念里，如果一个人、一个产品，在表达自己的喜好时左顾右盼，那肯定会一无所获。

假如你是开店卖小吃的，今天有人说这个东西不够辣，你就把它做辣一点。明天有人说吃不了辣，你又把它做得清淡一点，这样既没有办法彻底地博得辣味爱好者的喜欢，也没有办法抓住清淡口味的用户，结果就是你做的产品没有办法成为任何一部分人的选择产品。

这个心得也贯穿了我现在的自媒体事业。

我们做知识付费，本质上是用自己的知识输出来吸引用户。

因此，在表达的过程中，我不要想着去迎合所有人，不要想着做所有人的生意，因为这是不可能的。

相反，我一定要先弄明白，我锚定的用户到底是一群什么样的人。

这也就是为什么，在我的产品体系里没有低价产品。我所有的定价系统，都是根据我所擅长的服务方向来制定的。

简单来说，我做情感付费时，没有把客户群锁定在那些每天只想把自己局限在柴米油盐日常生活里、只想如何把婚姻经营好的人身上。

我选择把视野放在那些想要提升自身价值、聚焦个人成长、做独立女性的人身上。

因为我个人的经历，注定了我更了解后者的心路历程和人生。

既然如此，那么我就牢牢地抓住这群人，只讲述跟她们相关的、她们感兴趣的内容，而不被其他无关的客户群干扰。

其实最开始我还是有所顾虑，但当我看过一个故事后，我就坚定了自己的想法。

故事是这样的：一条街上本来有一个卖器皿的商店，店里的商品物美价廉，很受顾客追捧。不久后，这条街上又开了一家卖器皿的商店，很多顾客不理解，都有一家卖器皿的店了，为什么还要再开一家店，不是等着关门吗？结果，后开的这家店不仅没有关门，生意做得还很好。原因就是后开的这家店卖的是古董。两家店售卖的商品品类一样，但是客户群体不一样，互相不构成竞争关系。所以，两家店不但相安无事，还各取所需，销售额都很好。

我也受到这个故事的启发，决定坚持走自己的客户群路线。

俗话说，有舍才有得。在自媒体创业初期，资金十分有限，我们想收罗所有客户，以获取更多的销售额。但事实上，收缩自己的客户群，重点研究能给我们带来利润的客户群，砍掉部分积累的无效客户群，才是明智之举。

简单来说，你一开始资源有限、能力有限，不能服务那么多人，你要选择好你的服务对象。

我们永远不可能面面俱到，有时候放弃一部分客户，才能更好地服务真正属于你的客户。唯有舍弃一部分客户，才能挣到更多的利润。

客户不是越多越好，而是越优质越好。确定好自己的定位，将有限的精力投入精准的事情里，效果才能更好。

孟子曰："鱼，我所欲也，熊掌亦我所欲也。二者不可得兼，舍鱼而取熊掌者也。"

每个人从一出生就在主动或者被动地舍弃一些东西，也得到一些东西。

在面临选择的时候，我们选择了一方，便失去了另一方。

不只是在自媒体和销售领域，放眼到整个人生中，我们不可能什么都得到。

活得通透的人，其实就是懂得了两个字：舍得。

放弃那些不重要的、不必要的，把时间和精力用在值得的地方，才能有所收获。

要知道自己能要什么，然后奋力去做，才能得到自己想要的东西。

你永远不可能赚到所有人的钱，这是我自媒体创业，也是我自己的经验，和朋友们共勉。

后记

各位读者，你们好，感谢你们耐心读完了这本书，了解了我过往的人生经历，亦见证了我的成长。

不知道你们有没有发现，“自卑”这个词，在我学生生涯里频繁出现。而当我进入人生第二、第三阶段时，这个词出现频率就变得越来越低了。

随着我的努力，“自卑”也一点点淡出了我的人生字典。

当我长大后明白，不管是自卑还是胆怯，这些负面情绪之所以出现，其根源都在于我缺乏对自己的认知。

因为内心持有自我对抗，加上自己实力的不对等，让我身陷自卑。

我的内心不够强大，就会因为出身不同、经历不同、消费等级不同、生活方式不同，让我的自卑之藤蔓延生长。

当我不断成长为一个有强烈自我认同感的人，就不会再盲目与人攀比，更不会以别人的标准来评判我的人生，自卑的藤蔓也就因此被斩断。

我的人生只能由我的价值观来定义。通过这本书，我想把我的成长经验传递给每一个真心喜欢我的粉丝和认同我的读者。

随着我不断成长，我深知，挣钱不该成为我们摆脱自卑的手段，而应该成为专注自我提升、努力打拼事业的结果。

再深的自卑都是可以被击碎的，主要看你是否有强大的自我认同。

作为一位女人，首先要学会爱自己。

你要非常清楚自己的人生选择和人生路径，由此生发的自信是任何物质都无法比拟的。

当你实现了经济和精神的双重独立，当你活得通透潇洒，活出真正的自我时，你就会实现蝶变。

我始终相信，我们的未来会比现在更好。

希望我的这本书，可以给那些身处人生困惑的女性一些力量，让你们成为自己的光。